農家と語る農業論

守田志郎

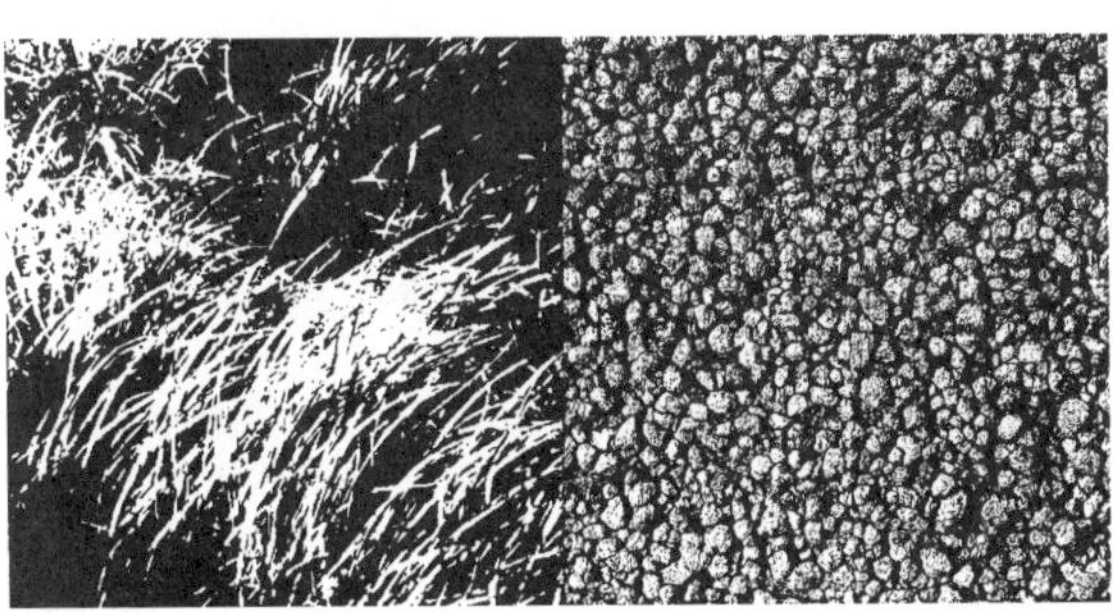

人間選書 236

まえがき

人生にかけても農業にかけても確実につわものといってよい感じの十三人の男たちが、わたしをなかばとりかこむようにして坐っていた。こわい顔の人は一人もいないのだが、わたしには皆がこわい。こわくてもここに坐ってしまった以上、わたしは話をしなくてはならない。それも五分六分ではない。その時、ちょうど午前九時。いまから今夜の九時まで、そしてあすも午前九時から午後九時まで、そして、さらにあさって、午前九時から午後二時まで。二時間わたしが話をして一時間の懇談、また二時間話をして一時間の懇談、とやっていく。

体力の問題ではない。農家の人たちにむかって何をわたしが話すことができるだろうか、それを思うともう精神的に参ってしまう。それでも、なぜかわたしは耐えなければならない。十三人の農家の人たちが、いまわたしとのつきあいの三日間を耐えようとしてくれているからなのである。

そして、とうとう三日間はすぎ、わたしはその十三人の人たちと別れのあいさつをした。こんなことって、ありうるだろうか。一人の退席者もなく……、まったく信じられない。感謝、というのはほかはない。参加した農家の人たちが得たものよりも、話をしたわたしの方がはるかに多くを教えてもらったことを思えば一層感謝である。

次の年も同じように、そしてわたしをなかばかこむ十五人ほどの農家の人たちは、新しい顔ぶれである。そしてその次の年も……。厚かましいことと思いながらも、その時季が来ると、わたしはカバンを下げて汽車に乗って会場にむかう。

この本は、その三日間のわたしの話の記録である。だから、話が前後したり、ときにはつじつまが合わなかったり、同じ話が出てきたり、急に話が飛んでしまったり、文章として見ればこっけいなようなところがいたるところにあったりする。あまりひどいところは手直しをしたが、きれいにつくりなおすことはしなかった。つまり、わたしが農家の主人の人たち十何人かに話をしたそのままを、はなし言葉から書き言葉に変えただけのことと思って読んで頂きたい。残念なことだが、参加した農家のかたがたの懇談のときの大切な発言が沢山あるのだがこの本には収録しきれなかった。

この勉強の会は農文協がひらいたもので、その記録をとったり、それをこの本に仕上げるまで色々のことを農文協がして下さった。農家のかたがたから学ぶ機会を与えて下さっただけではなく、何から何までである。感謝しきれないほどのことである。そして、この集まりに参加して、そのあとも直接間接にわたしに色々と教えて下さっている農家のかたがたにも、お名前はあげませんがここで御礼申上げます。そして、どのかたがたも、それぞれに豊かな農業の日々を送っておられることに感動していますし、今後もそうであることをお祈りします。

昭和四十九年八月

守田志郎

目次

第二講　農地所有論

第三講　商業資本と農家

第四講「むら」の歴史

第五講　農業の本質

第六講　農法論

第一講

農業生産力論

はじめに

現代の篤農

「米作日本一」というコンテストがあった。昭和四十年代にはいると間もなくこのコンテストは中止になったが、以前私は、これにはあまり関心をもっていなかった、というのは、精農家あるいは篤農家というような、非常に特殊な農家の人たちが、非常に特殊なやり方をして非常に高い反当収量を上げるということであって、一般の農家に広がっていきにくい面があるとか、一度日本一を獲得してもそれが続かない面があるとか、いろんな理由で、それを基準にものを考えることにはむりがあると思っていたからである。

ところが最近のように、機械とか化学肥料にもっぱら依存して生産力を上げる方向に、日本の農業、とくに稲作がゆがめられている事情のなかで、この「米作日本一」を振り返ってみると、表彰された人たちは味のあることをやっており、どういうわけか非常な感動をおぼえさせられるのである。

日本一になっている人は、耕地の条件のよい人たちとは限らない。たとえば、冷水がかりのところで一〇〇〇キロ近くの反収を達成して日本一になった人がいる。標高八〇〇メートルとか七〇〇メートルとか、スキー場になるようなところで日本一をとったこの人は、一筆分の水を暖めるために、三倍の面積の田んぼを使っている。要するに三枚の田を通してきた水を、日本一をねらいとする田にかけるのである。

水温調節と天然　ほかの田んぼに米をつくらないわけではないのに、ともかくそちらはあきらめておいて、田んぼをいくつか通していって水温を上げてからねらいとする田んぼに入れる。ばかばかしい話なのであるが、最近年をとったせいか、そういう話をむしろおもしろく感じるようになってきた。

つぎに水の温度を下げるための話。水温を下げて日本一をとっている人もいる。それは夏田んぼがわいてしまう時期に、昔使っていた冷水を復活させて（おそらく土地改良をやって、天水田を溜池か河川灌漑にしたか、とにかく暖かい水がくるように土地改良をしたのだろう）、水温の上がった水にそれを混ぜる、そうして水温・地温を調節する。これだけで高反収を上げたのではないだろうが、これを最後の決め手にして米作日本一になっている。

これも篤農的なことであって、一町二町という田で先にみたような水温の暖め方、あるいはそのつぎにいったような水温の引き下げ方が全面的にやれるかといえばむずかしいことである。だが、今日もっぱらスケールメリット（田畑でも家畜でも大きくやるほどよいという意味で、誰かが使いはじめたことば）という方向でものごとが追求されているときに、忘れられた、あるいは忘れられていっている天然のいろいろな力を利用するという観点がここにはある。電気を使うなど工学的手法で水を暖めることもできるのであるが、田んぼ三枚を通して水温を上げるというのは、要するに太陽の力を利用するということである。

そういうふうに、天然の妙味を活用して、遊びではなしに、驚くべき高い収益を上げる。これは、単に昔をなつかしむだけではなしに、忘れられていた大切なことを思いおこさせてくれるものを秘めているのではないかと思う。

もう一つの農家は、反当二トンくらいの堆肥を年々使っている。どういう堆肥かということは書いていないが、とにかく一番多い年には三トンも入れている。三トンの堆肥というとものすごい量だ。三トンというと、だいたい三枚の田んぼの稲ワラを要する。つまり、三枚の田んぼの稲ワラを一枚の田んぼに入れるということだ。三トンの堆肥を入れると、翌年と翌々年は二トンという入れ方をしている。これだけの多量の堆肥を入れて、稲を倒すこともなく米の収量に実現することができるというのは、やはりたいへんな技術なのであろう。堆肥自体が熟度その他すぐれたものでなければならないだろうし——ふつうならせいぜい多くて反当一トン、最近ではろくに堆肥を入れていない人も多いから、いきなり三トンも入れたら稲はだめになってしまうのではないかと思うが……。そういえば堆肥に関して素人という農家が最近非常に多くなっている。

深耕の試み

米作日本一でもう一つみんなに共通しているのは、深く掘っているということである。毎年とは限らないが、だいたい深さ三〇センチくらい。耕うん機が盛んに普及している昭和三〇年代の時期に、ある農家が二段犂を使って深耕している。当時の耕うん機というのは深くは耕せないものだから、深耕にはやはり犂ということで、三〇センチくらいの深さで反転する。そしてその上を、耕うん機でもって砕土する。こういう報告もある。先ほどの三トンの堆肥を使う人も、深耕しなければ話にならない。

いま、高い生産力は、大規模の農業と機械化でだけしか達成されないといわれている時期に、こういう記録は意外な感動をわれわれに与える。三倍の面積の稲ワラを一枚の田んぼに入れるのだから、あとの田んぼはどうなっているのかといったことはあるが、みんな自分で先祖から伝わってきたものを大切にし、新しい技術者からの知識も結局は自分で消化して、自分の技術としてやっていること。そして、ソロバンのうえではあわなくても、深く耕し、三枚分の稲ワラを一枚の田んぼに入れる、そんなファイトがわいてくるだけの充実した生活にちゃんとなっているということである。かえって数字とにらめっこし、ソロバンばかりはじいている人のほうが、精神的にはファイトがないような感じがする。むしろ「たしかに米作日本一はとれた。だが、はたからみたとき、こんなことで経営的にあうのか」というような人のほうが、ファイトがある。農林省が「米作日本一」に補助金をださなくなったのは、ひとつは当時の米の需給緩和ムードがあったのだろうが、もうひとつは、彼らは近代化・企業化とは相反する、というような人たちだったからでもあろう。

こういう話をいちばんはじめにするのは、耕すことの意味について考えることからはじめたかったからである。

連鎖的に求められる技術

農耕の歴史を過去にさかのぼってみてみると、日本の稲作がはじまり今日までたどってきた道のりのなかで、農家の人が求めてきたことはたくさんあるが、深く耕すということが難問のひとつであった。深耕して堆肥を入れ、土壌を肥やすことと、土の温度を上げることが求められてきた。

深耕のできる田んぼというのは、水をある程度落とせる田んぼでなければむりである。そのことが、自然に土地改良（とくに灌排水）の問題につながるし、土地を深く起こすためには水を落とさなければならない。ところが、水を落とせる乾田は湿田よりも、場所によっては三倍くらいの水を要する。排水をよくするということは、灌漑のほうもよくしなければならない。両者があわされないと、乾田化しただけでは水が足りなくなってしまう。

そういうことで、これを求めるとつぎにこれが求められるといった具合に、連鎖的に求め続けてきた日本の稲作の耕し方の歴史がある。かたや、深耕して高い収量を上げるには、そこにすぐれた堆肥を入れていかねばならない。その堆肥のもとというのは、もちろん稲ワラも必要であるが、畜糞とか人糞尿が必要。

こういう過去のつながりというものを、「米作日本一」になった人たちは、現在においても断ち切らずにやっている。もちろん、形はちがってきているし、利用する道具もちがう。たとえばトラクターであるが、その使い方がちがう。外から構造改善ではいってきたからとか、農協が奨励したからとかいうのではなくて、自分として使うだけの理由があるからだ。自分の側からそういうものをもっていて、それで使う。そこのところに最も感動を覚える。

第一章　耕すことの歴史

一、農耕のはじまり

農耕の動脈硬化

歴史をみることの意味というのは、いま述べたようなこと——つまり、いまの農耕に流れている血の源泉を求めることである。それは昔を求めて喜んでいるというのではなくて、血がうすくなってしまったり、入れかえられてしまったり、どこかで血が止まってしまったりというような動脈硬化みたいなことがおきている状態とか、血管をまちがえてちがうところにつないでしまっているとかいう状態を見きわめるという——そういうことではないかと思う。

ヨーロッパの現代農業——日本では先進国の農業といわれてきたもの——は、過去の伝統的な農業から一度断ち切って全く新しいものがつくられたのかというと、そうではない。

日本では、過去のものと断絶するということが、あたかも進歩であるかのような認識が非常に強いが、ヨーロッパ農業の先進性というのは、過去の血の流れを決して粗末にしないというところにできているような感じがする。

インドにはじまる農耕

世界の農耕の歴史をみてみると、実際にはわかっていない面が相当あるらしいが、専門家の研究を総合してみると、土地を耕して農業をはじめるというのはインドからはじまっていることになる。西インド、そこを起源として、ヨーロッパと東南アジアに向けて農業は広がっている。西に進んだ農耕は、西ヨーロッパに到着して、乾地農業、要するに典型的な畑作農業ができあがる。この乾地農業は深耕が基本的な特徴で、この意味は何かというと、ひとつは土壌を柔らかくすること、第二に適度な湿気、第三に雑草を防ぐということである。ヨーロッパの草というのは日本の草に比べると割合に弱くて、犂でもって、ある程度の深耕（二〇センチくらいか）をしておくと、二年間くらい草が生えてこないというものらしい。だから、彼らは除草ということにはあまり苦労しない。そのかわり、二年に一度かなり深く耕している。深耕して作物を二年くらいつくったら一年休ませ、草を生やし、そこに牛などを遊ばせて草を食わせる。牛が糞をする。それを深耕でひっくり返す。そうすると、天然の堆肥みたいになる。また作物を二年くらいつくる――。こういう方法がだんだんできていく。これがもっと発達していくと、間にマメ科の植物を入れて、根粒バクテリアによって空中チッソを固定するというマメ科独得の作用を利用して、チッソ分を供給する。今日でもマメ科の植物を間に入れるということは、ヨーロッパではかなりふつうに行なわれている。

そこまでいくには相当に年月がたっているわけで、インドから農耕が伝わっていったころはまだまだこんな形にはなっていない。

遊牧と定住

農耕というのは、ひとつの土地を耕し続けるということだから、そこに住みつくということが必要である。定住ということが大事な前提になる。木の実をとったり獣を追いかけたりの生活からはじまり、やがて遊牧——草の生えているところを求めながら、羊の群れを飼い、渡り鳥みたいに移動していって、腹がへったら羊を殺してジンギスカン鍋をつくって食うといった生活の形もでてくる。また、山の上に粗末な家をつくって、草地や雑木林を焼いて焼畑をつくって（その灰が肥料になっていることを本人は知らない。邪魔だから焼いている。）、三年くらいしてだんだんとれなくなってくるとちがうところに移動していって、またはじめる、こういう具合に腰の落ちつかない生活をしているのが、腰をおちつけて定住するようになる。そこのところで本当の農耕がはじまるわけだ。定住と農耕は切り離せない。

ところが、ヨーロッパのばあいと日本のばあいでは、定住の事情がちがうのではないかと思われる。それは、どういうわけか、白人は肉食。日本人は、かつては狩猟もやっていたのかもしれないが、とにかく原始時代に肉食を主体にできるほど獣がいなかったのではないかと思われる。だから、しかたなしに、木の実だの海草だの、魚類——こういうものに重点がいったのだろう。

徳川時代の末期に、ゴンチャロフというロシア人が来航して日本にしばらくいた。日本のあちこちを歩いて『日本憂囚記』という本を著したわけだが、そのなかで「日本人は海草だとか魚だとかいうものを食糧として、非常に有効に活用している世界にまれにみる民族である」と書いている。海でとれるものをこれほど活用しているのをみたことはないと——。そのつぎにもうひとつおもしろいことをいっている。「日本は非常に狭い国にあふれるくらいたくさんの人がいる」「だから日本では畜産はむずかしい」と。つまり、牛を遊ばせておく土地の余裕がないから、そういうところは全部畑か田んぼにしている、そうしなければ日本人は食えない。——もうそのころに、こういうことをいっている。

彼らの感覚からいうと、獣とか家畜——要するに動物の肉と人間の生活は切り離せない関係になっている。ところが日本にくると海草や魚を食べていれば、それでも生きていられるということをはじめて彼らが知るということは、逆にいうといかに彼らは肉食人種であるかということだ。

肉食に執着のヨーロッパ農耕

その肉食たるや——外人がレストランにきて飯を食っているのをみるとよくわかる。ひどいのは主食というものを全然食わない。そこにパンがおいてあっても見向きもしない。魚がでて、肉がでて……終わりになって、とうとう一度も手をつけないという人間はいくらでもいる。あるいは、主食など全然注文しない。私などは主食がなければ全然食事にならない。つくづく感じるのは、彼らは、日本での主食という考え方には非常に弱いということである。ヨーロッパでは、やはり貧乏人など主食のウェートが大きいらしい。中世のイギリスの農民の状態をうたった詩があるが、「毎日の食事は黒パンと牛乳だ。ときに干した肉が少しついていれば上等な話だ……」と。つまりパンで、主食で食事をすませているというのは貧乏の象徴で、豊かな人間は主食はあまり

第１図　村落共同体の一形式

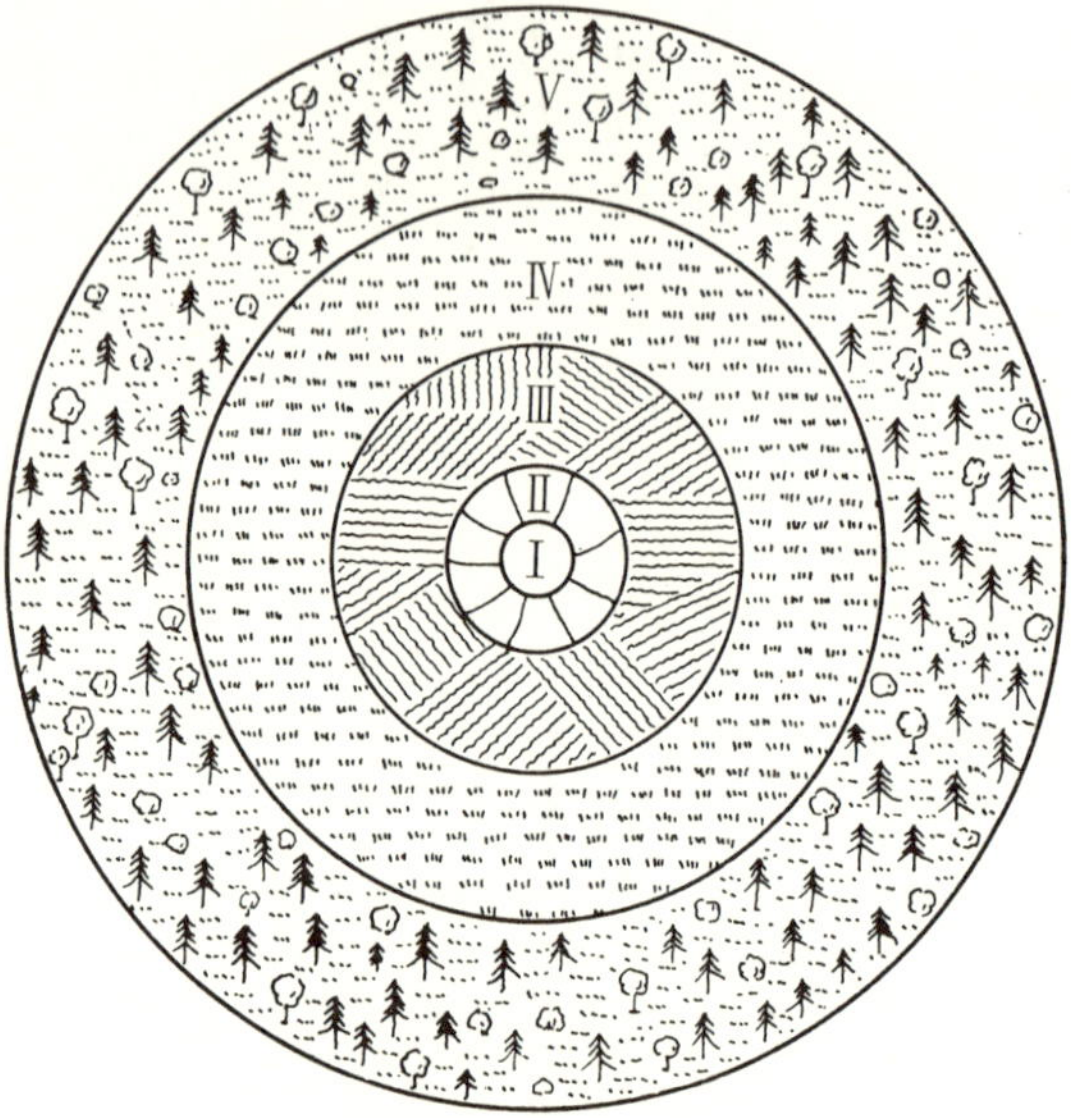

Ⅰ～Ⅱは宅地および庭畑地，Ⅲは共同耕地，Ⅳ～Ⅴは共同地
（大塚久雄『共同体の基礎理論』より）

食わない。それくらい位置が逆になっているのである。

そういう肉食の連中は、定住するときに、第一に肉はいったいどうなるのかが問題になる。肉を追っかけて暮していた連中が、農耕がインドからしだいにやってきて、穀物やら野菜やらをつくる技術がはいってきたからといって、その主食を手に入れるために自分が好きな獣の肉を犠牲にするかというと、なかなかそうはいかなかったと思う。

定住してしまったら、集落ができるから、近くの山には獣がいなくなってしまう。やはり、移動しなければ獣はとれない。定住してしまえば、狩猟でもって肉を得ることはできない。そうすると、定住していて獣のほうを自分の住いの近くにおいておくということになる。つまり畜産・放牧である。自分が食うために動物を飼う。畜産が一緒につかなければヨーロッパの農耕は本格的にはじまらない。麦ばかりで暮していくなどということは、彼らにはできないわけだ。日本人はいつの時代からか穀物さえあればよかったが、そのへんのちがいは大きい。

ヨーロッパ古代の農耕関係をみると、第1図のような形になっている。だいたいにおいて共同耕作で、放牧も共同。野菜畑だけは個々の家が別々に耕している。

ドイツとかフランスのように昔からの集落があまりこわれていないようなところに行くと、道があって家があって、家の前は芝生なり花壇なり非常にきれいになっていて、裏にまわると、菜園がちゃんとついている。家が個々に自分の菜園を裏にもっている。こういう配置が最も典型的である。そして、手前近くから遠くへと穀作・いもなどの耕地が広がっている。いまはもう耕地は個人所有——。そして、遠くのほうをみると、完全に共同の放牧地になっているというのが昔の状況で、共同の放牧地はいまは個人個人になっているばあいが少なくない。

そういうように、ヨーロッパではもはじめから家畜の飼育が一緒になって農耕がスタートしているのである。

家畜を山から畑に

そしてその家畜の飼育というものが、だんだん農業に接近してくる。どう接近してくるかというと、家畜というのは遠くの放牧地においてそこで暮らさしていたわけであるが、やがて畑に、麦を刈ったあとを羊などを使って後かたづけさせる。羊というのは、草の根ぎわぎりぎりのところまで食うそうである（だから、混牧という放牧方式がある。牛を放牧してそのあとに羊をだす。そうすると、牛の食い残しを、羊がぎりぎりまで食うわけだ。一緒に放すという方法もあるらしい）。最初は後かたづけが目的であったが、牛や羊が糞をしていく――それが土地を肥やすということが経験的にだんだんわかってくる。そこで今度は、三年に一度草地にして、家畜をはなすような農法がでてくる。

毎年肥料をやらずにものをつくっていると土地がやせてくるものだから、三年に一度くらい遊ばせておいて、草を生やしておいて、そこに牛や羊を放して糞をさせ、それを耕すとまた地力がもどる。こういうことから、だんだん耕地のなかにも牛や羊を入れるようになってきた。こうして、家畜の飼育と農耕が結びついてくる。最初はばらばらに並列してあったものが、だんだんくっついてくる。牛に糞をさせて地力を維持する、同時に耕地の草は牛の餌でもある。今度はそれにもうひとつ、飼料作物をつくって食わせるというふうになってくる。

畑でつくった大事なものを牛に食わせるというのは、これは歴史的にずっとあとのことで、現実にはなかなかそうならない。もったいなくて、そういうことはできない。これがちゃんとされるようになったのは、ヨーロッパの中世の荘園制度の時代。家畜を肉にして金にすることができる、つまり商品として家畜を考えることができるようになったときである。それともうひとつは、領主の農民支配が徹底してきて、家畜の貢納を一年中絶えず要求するようになったときである。というのは、それまでは山に一年中放牧している、つまり、いまのことばでいうと通年放牧だから、冬はエサがないから牛はガラガラにやせている。だから農民は、塩漬けの豚だとか、ベーコンだとか、干した肉などで冬はすごした。春になり夏になり草が生えてくると牛はもりもりとそれを食って肥える。肥えたところで、殺して食べるなり、塩漬けその他でまた貯蔵する。あくまでも自分で食うためにやっていた。ところが冬も領主が肉を請求するとなると、これは畑でとれたものを牛に食わさなければならない。

童話に「ジャックと豆の木」というのがあるが、「町に行って牛を売ってこいと親にいわれ、売りに行ったところ、町に変人がいて、豆は魔法の豆で……ということで、子供がだまされるようにして、牛一頭を豆のタネ二つ、三つととりかえてくる。ジャックは親にしかられて、裏の畑にそれを植えるとものすごい豆の木になって天までとどく。それをよじ登っていくとすごいジャイアンツがでてきて、おっかけられる」という話。あの話は中世の話だと思うが、そのころには牛を町に行って売るということが、はじまっているということを示している。売るということになると、お金にすることだから、そこではじめて畑でつくった穀物を牛に食わせてもよいという関係ができてくる。飼料作物というものがそこで発達してくる、組み合わせができてくる。飼料作物――そのなかにはマメ科の作物があるが、これは土壌を肥やすということがわかってくる。マメ科植物と穀物との組み合わせで、畑に三年に一度くらいのローテーションができる。いまでも、中身はずいぶん変わっていても、ヨーロッパではずっと継続している。

雑草の約束ごと

ヨーロッパというのは、適度に雨が降り、草がはえるが、ひっくり返しておくと一〜二年は草がはえないという。割合に具合のよい国である。それだけに、ヨーロッパでは、草をはやしてはいけないという点については、お互いに非常に気をつけている。実になるまで草を生やしておいてはいけない。イギリスでは、ウィード・ロウというのがあって、鉄道の土手でも雑草を繁茂させてはいけないという法律があるそうだ。互いに、他所に雑草の種が飛んでいくというようなことがおきないようなお互いの約束がある。

余談になるが、イギリスというのは不文法といって、法律を文章にしないばあいがある国で、そのかわり必要なことはお互いに約束し合えば、それは法律である。日本では、これは約束だといっても、ものに書いてなければ人は認めない。イギリスの農家にいって、この土地誰のだ？ あんたのか、垣根の向うはだれのだというと、あの人のだということになるのだが、昔の登記書があるだけ。しかも、それをみるとその人の名前は書いていない。この土地はいつあなたの家のものになったのかと聞いても、ちゃんと答えられる人はまずいない。前は誰のものだったかと聞いてもダメ。じゃ役場に行って調べてみようといっても何も記録がない。じゃこの土地はあんたのものだということは誰が証明し、どこで保証してくれるのかと聞くと（そういう質問を日本人は必ずする）、彼らはわからない。日本では登記所に行ってきちっとしていないと、たいへんなことだ。土地を買うときだって、本当に売る人の名義になっているかどうか調べないと、すぐ詐欺にあってしまう。ところがこれは現代のイギリスのはなしである。昔のある時期に王様かなんかが調べて、これは誰の土地だと一応記録したものがあるらしい。そのあと、いろんな人に移り変わって今僕なら僕が耕しているからといって、そのことはどこにも記録されていない、日本人の質問の意味が彼らにはわかならないわけだ。みんなが知っているからいいじゃないかというわけだ。

道路交通法というのもないらしい。事故がおきると、どっちがわるいということは、そこで当事者と見ていた人が話し合えばわかることじゃないかという。道路交通法何条によって云々ということは彼らには必要ないという。そこに居合わせた人が話し合えば誰がわるくて、どちらが罰金を払うべきか、あるいは刑事的なことであればおまわりさんがやってきて、処罰するとかしないとか——そこで人間同士が話し合えば決まることではないかという。妙な調子の国で、われわれが行っても、ちょっとピントがあわない。非常にルーズで、きちんとしていない。日本のある大学の土地問題の学者が、二～三年イギリスの大学に行って、日本の農地問題、農地改革を調べるようなつもりで、向こうで調べていったら、全然手がかりがなくて、ひとつも報告ができなくて、あきらめて日本にひき上げてしまった。この土地は誰のだ、その前は誰のだといえない——現在あの土地は誰ので、この土地はこの人のでというのは、村の人たちがお互いに知っているから、何も問題ないじゃないかという。それではお話にならない。よくそんなことやっていられると思うが、まあこれは余談。

とにかく、ヨーロッパでは、いままで述べたような農耕の歴史をもっている。

重い犂を牛でひきトラクターでひく

ところで、耕すということだが、ヨーロッパではこういう農耕の歴史が深耕型の犂というものをうみだしてきた。非常に重い感じの犂（四頭だてとか、大きいのでは八頭だてとか）で、深く耕し、反転させる。その犂が、トラクターのプラウにそのままひきつがれている。プラウというのは、土を縦に切って、反転させる。プラウの原理というのは、土を切る原理だというくらいだ。鍬でやるようにしてひっくり返すのではなくて、縦に鋭い刃で土を切って、その刃がいくぶん斜めになっている——それでひっくり返していく。

農民が工夫してつくりだした深耕用の犂の原理がそのまま機械（トラクター）の原理にひきつがれていっている。この点は、またあとで考えたい。

二、アジアの耕法

中国攪搔《かくそう》耕法

中国の華北のような乾地では、畑地があって、雨が降ると、土中に水の浸透していく通り道（毛細管）ができる。華北で棉を植えているが、これが乾燥期にはいると、風がはげしく吹き、ほこりがまい上がる。いわゆる黄塵万丈というやつ。最後には塵で空が真赤になって、昼でも太陽がみえなくなるくらい。そういう状態が何日も何日も、何週間も続いていくと、実に地下三メートルまでの水が吸い上げられてしまう。蒸発がつづき、毛細管を通して水が吸い上げられてし

第2図　西洋と中国の犂

中国の犂

①漢代の画石像

（上.陝西王得元墓　下.山西平陸漢墓）
〔備考〕天野元之助『中国農業史研究』 p.755

②宋の犂
（陸信忠，抜舌耕地獄図）

〔備考〕天野，前掲書，p.775

西洋の犂

A

B

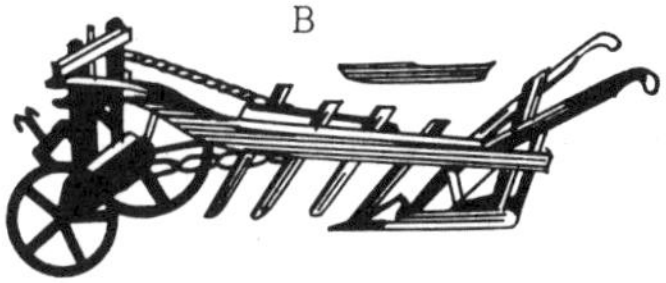

C

Aは18世紀初めイングランド中部に普通に用いられた犂，Bはタルの4犂刀犂，Cはタルの馬力中耕機

まうわけだ。水不足がおきる。

だから、中国の華北では、この地中の水をいかにして保つかに農民としての生命がかかっていたわけで、どういう知恵からか、結果から理屈をみるとこの毛細管を切るということをやった。表面をごく浅く、細かく砕いていくわけだ。せいぜい三センチくらい。浅く砕くということ——いつごろからそういうことばがあったかわからないが——これを攪掻と呼んでいる。地表をひっかき、かき回すという意味である。これはふつうの常識でいえば、地表をへたにひっかき回すと、そこがバサバサに乾いて、これがほこりの原因になるように考えられる。たしかに普通の乾燥に対してはそういうことはしないほうがよいのかもしれないが、これだけ徹底的に地中の水分を吸い上げる力を、中国の乾いた空気がもっているということになれば、もう表面は完全に乾ききってしまうわけだ。むしろ、これをやって地中の毛細管を絶ち切ることによって、地中の水分蒸発を防ぐ。水の供給の比較的自由な日本ではあまり使わないことばだが、これを保水という。この保水が中国北部の棉作をはじめ、農業を可能にしていた。この保水は非常に重要視されていた。

ヨーロッパとちがう中国耕法のおこり

深く耕してはいけない。深く耕すと、いち早くそこの水分はなくなってしまう。だから、毛細管を切るだけの目的ではなくて、肥料をやるのも種をまくのも、要するに耕起すべて深くてはいけない。徹底的な浅耕農法。これが、いわゆる本当の乾地農業の特徴で、ヨーロッパでドライファーミングといっているものは、中国の華北から満州で行なわれている乾地農法とは全くちがうということがわかる。同じ畑作農業でも、揚子江から北側の華北と東北での話である。

この農法からつくられてくる犂は、すべて浅耕用ということになる。ヨーロッパの耕耘用具とそのうまれる歴史的な背景がちがう。

三、湿潤地農業

東南アジアのデルタ地帯で

東南アジアにいくと湿潤地農業。自然に水のたまったところに、おもに稲をつくる。デルタ地帯みたいなところに、非常に広い平野がある。雨期になると、胸までつかって泳ぐほど深いのではなくて、慣れた地元の人ならほどよく歩くことができるような状態になっていく。そこで稲作をやっていく。

その湿潤地農業というのも、もとはといえばやはりインドの畑作からおこってきて、東南アジアに流れ込んだときに、湿地帯の農業としてでき上がったものである（乾燥地の農業としてでき上がった華北、半乾地農業としてできたヨーロッパとの対比で考えたい）。

アジアの鍬で浅く耕す農法を別のことばで耨耕《じょくこう》農法といい、それに対して、ヨーロッパのほうを犂耕農法という。アジアにも昔から犂があるのだが、アジアの犂の発達の仕方は表面を浅く攪搔するような方向をとっている。犂を使う前は鍬のようなもので表面をかきまわしていた。ヨーロッパでは深耕したいわけだ、深く耕すには、二頭だて、四頭だて、八頭だてというように力が必要だから本格的な犂耕が早くから展開された。アジアのばあいは、ほとんど用具の外観は同じような犂でやっていくのだが、これは鍬で表面を柔らかくおこしていくのと目的はあまり変わらない。

別にことばにこだわる必要はないが、アジアとヨーロッパのちがいがそういうところにある。もとは同じインドなのだから、ずいぶん不思議な話だ。

四、田植稲作のはじまり

穂首刈り

湿潤地稲作は東南アジアからしだいに北上して、中国の南部でもなされるようになった。

華北は純粋な乾地畑作。湿潤地稲作は北上していって、だんだん湿潤地でないところに稲をつくっていくという要求がでてくる。乾地では鍬で耕す、犂で耕すという技術がどんどん発達していく。湿潤地稲作は沼地に稲を植えるわけだから、こちらでは、犂・鍬という農具は発達の余地が少ない。草も生えなければ、穎《えい》穂刈りといって、穂だけ刈り取っていけば、翌年には茎は腐っていく。そこにまた種をまいておくと、また自然に生えてくる。そういうふうなことだから、農耕といっても耕すことに大きな重点をおかない仕事になる。

ところがだんだん北上してくると、そういう広大な沼地はなくなってくるわけで、人工的に水をひいて、水をためてそこにとにかく稲を植えるということをしなければならなくなってくる。人工的にするということは田んぼをつくるということである。田んぼであれば耕すということが必要になる。耕す技術は乾地農業の華北のほうからはいってくる。つまり、湿潤地農業の稲と乾地農業の合体であるという説さえある。灌漑をする（湿潤地農業では、灌漑という概念はなかなかわいてこない）。そこから移植の稲作がでてくる。灌漑・移植を伴うような稲作ができてくる。

この水田稲作にはいってきたばあいの耕うんの原理は結局浅く耕すということである。浅く耕す乾地の畑作農業と湿潤地の水たまりに直播する稲作が中国で結合して、犂で浅く耕し、灌漑し、移植する稲作の形をつくり上げた。こういうふうにでき上がった稲作ができ上がったものとして日本にはいってきた。これが日本の稲作のはじまりだとみられている。こういう変遷を日本で経たのではなくて、できあがった形でもち込まれているので、日本にも直播の稲作も記録にはあるのであるが、だいたいはじめから移植稲作だったことになる。

中国の田植稲作が日本へ

それから、いままでの常識では、日本の農耕は稲作からはじまるといわれていて、記録でもわかるところではだいたい西暦前三〇〇年くらいあたりといわれているが、これがどういう経路できたかについてはいろいろな説がある。たとえば飯沼二郎氏の有力な説では朝鮮経由である。朝鮮には非常に発達した稲作があって、日本でも最初古い稲作の道具（たとえば穂を刈る道具など）と朝鮮で使われていたものと非常に形が似ている。そういうことで、どうも朝鮮からこちらに移ってきたのではないかという説が有力になっている。だが、南方から直接九州とかど

第3図　農耕伝播の経路

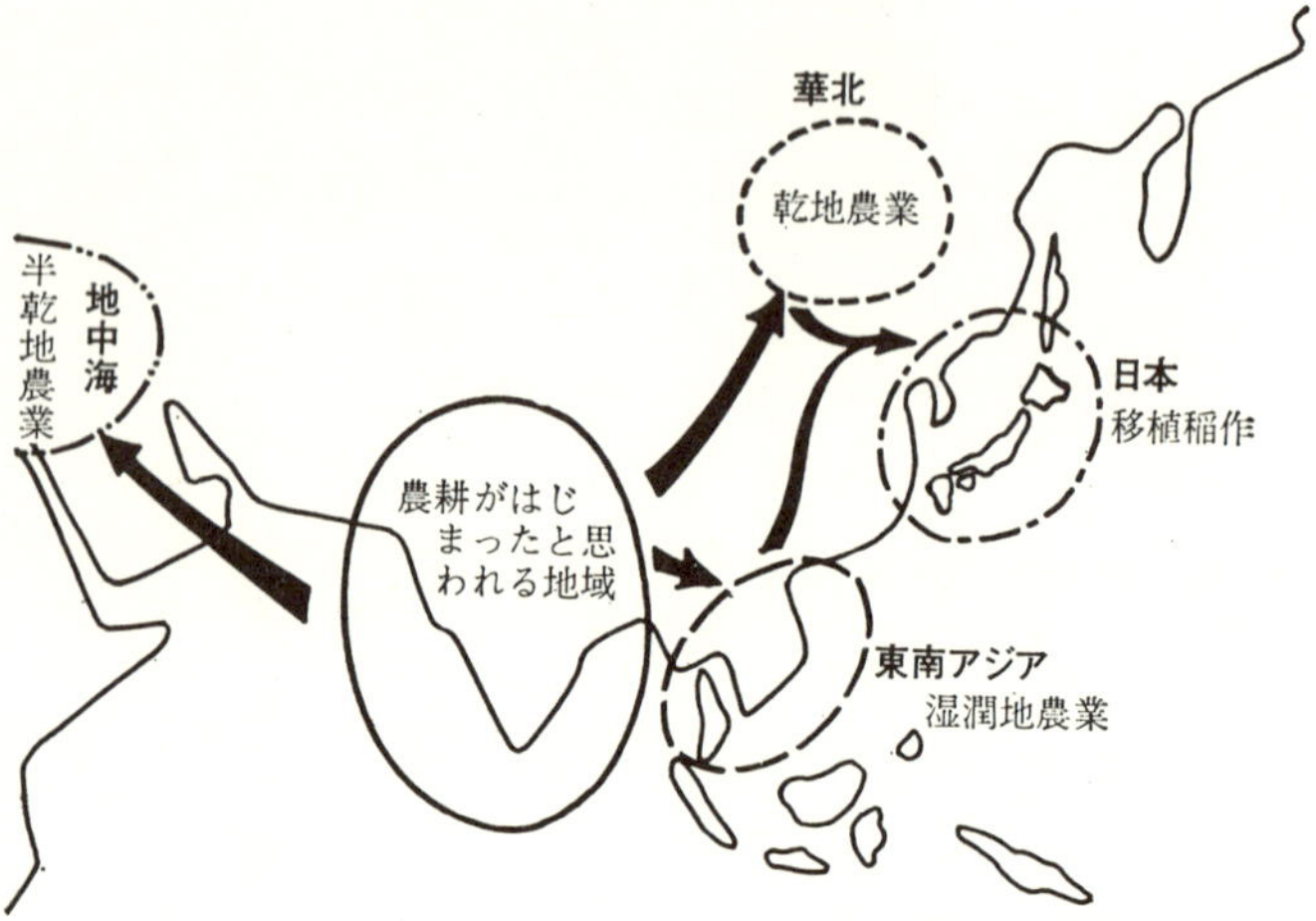

ことかに上がってきたという説もあるから、これははっきり断定はしかねる。しかし、だいたい一致しているところは、移植稲作の原型は、中国でできあがったものがきたということである。たとえば、東南アジアから湿地型の稲作がきて、それが日本で移植型に変わってきたという意見もあったけれども、それはいまは日本ではあまり信用されなくなってきている。

水の技術も中国　そして、日本で一番古い田んぼの原型をみると、もう灌漑施設、つまり水をひくための木の板の水路があったり、そういう技術はずいぶん早くから中国から渡ってきている。水に関する技術では、中国はいろいろ進んでいる。たとえば、金山を掘るときにいちばんむずかしいのは水の問題である。水を金坑からくみだす。低い底にある水をいかにして穴から外にだすか。水を捨てることに成功しなければ、掘り続けることはできない。水というのは金山でも重要な決め手であったらしいが、これを大きな木のポンプでもってくみだしてやった。

中国からそういう技術がはいってきて、日本でも江戸時代にはその本が読まれ、佐渡その他の金山で利用された。灌漑ばかりでなく、水をめぐる技術というものは、中国ではたいへんに進んでいたらしいが、灌漑など水を田に引くしかけもやはり中国から学んできたもの——それをたとえば朝鮮の技術者が習得し、日本は朝鮮を通じて（日本と朝鮮とのゆききは古代からかなりひんぱんだったから、日本の民族の血のかなり多くは朝鮮の血ではないかといわれているくらい）この技術を入れたのかもしれない——だということが考えられる。これは、中国から直接はいってきたということも考えられるが、可能性としては朝鮮経由のほうが強い。

五、水田と犂《すき》

田の床を大事にする犂

日本の稲作の技術はこういうふうにはいってきたわけであるが、このばあい、浅く耕すということは、長床犂をつくることになる。犂床の長く平らな長床犂の発達の歴史は長い。犂は、初期は全部木でできていて、のちに先に鉄をつけるようになるわけであるが、ヨーロッパでは、切り込んで深く耕すというねらいが求められ、そういうふうに農民たちが工夫してつくってきたものである。日本を含めて東洋においては、浅く安定していることと、泥田にはいることのでき

第4図　犂の種類

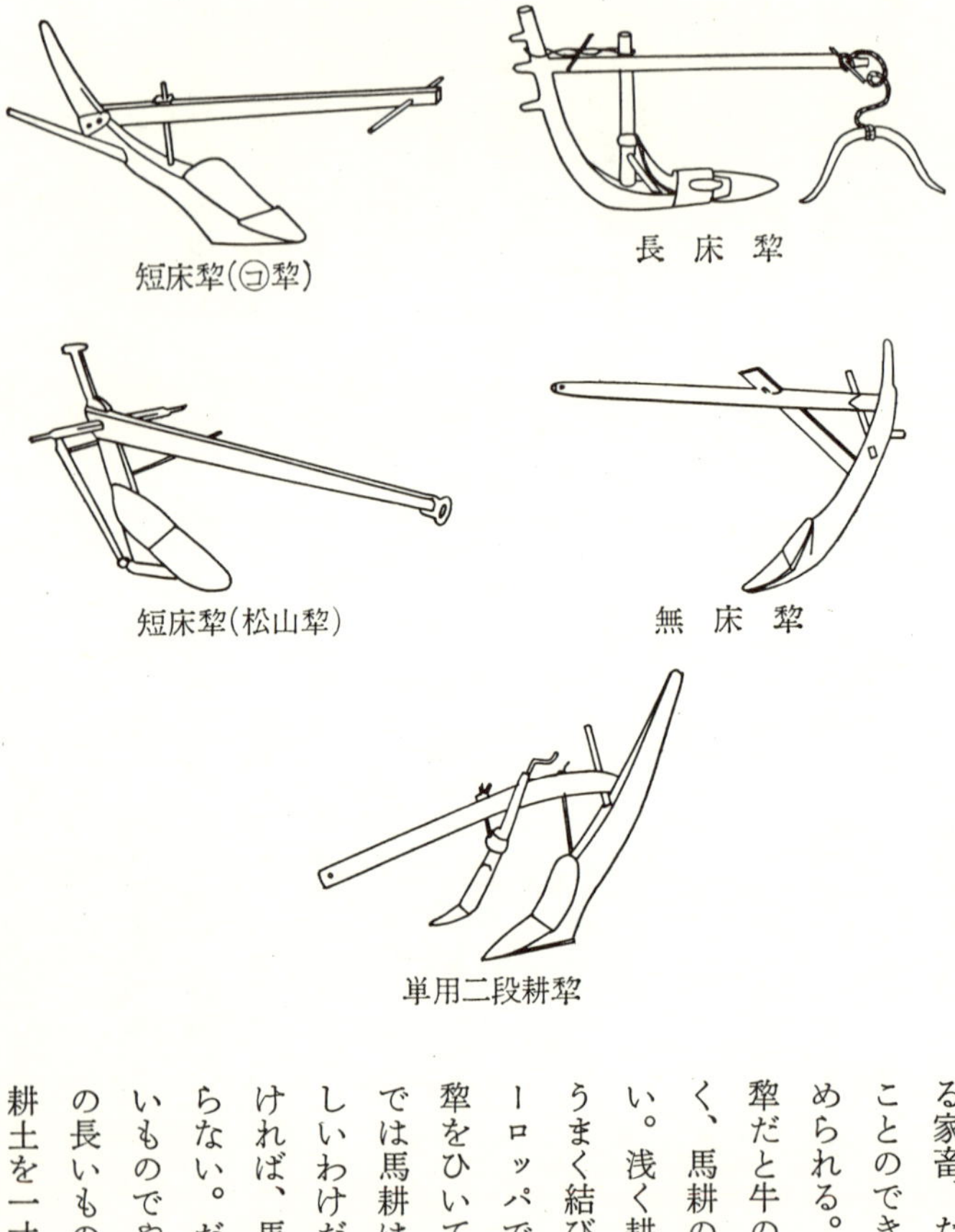

短床犂(㋙犂)　長床犂　短床犂(松山犂)　無床犂　単用二段耕犂

る家畜、たとえば牛がひくことのできるような犂が求められる。これが深耕用の犂だと牛の力ではむずかしく、馬耕のほうがやりやすい。浅く耕すことと牛耕とうまく結びついている。ヨーロッパでは早くから馬が犂をひいているが、田んぼでは馬耕はたいへんむずかしいわけだ。乾田化できなければ、馬耕はうまくはいらない。だから、犂床の長いものでやってきた。犂床の長いもので浅く耕して、耕土を一寸から一寸五分、うんと深くても二寸くらい、三寸にすれば大へんな深耕だというような耕うんで、日本の移植稲作というものはずっと続けられてきた。

そういう浅耕型の犂、作土を浅くし、その下に心土をつくって、その心土によって保水をする。だから、犂を使うときに昔は「床をこわすな」ということを若いものに注意したものである。床をこわせば水が逃げてしまう。むしろ床をこわさないように長床犂が、犂の底でもって、床を固めながら耕していく——こういうことで徹底的に浅い表土で稲をつくるという体系ができていたわけである。

明治の短床犂

これが明治にはいると、短床犂ができてくる。その前に無床犂というのがあるが、これは長床犂の欠点をなくして深耕できるようにという目的でつくられたものである。しかし、非常に不安定で、耕深が定まらない。そして非常に力がいる。よほど熟練したものでないと、一定の深さに耕すことができないということで、あまり普及しなかった。この無床犂のつぎにでてきたものが短床犂である。これは、長床犂と無床犂の中間みたいなもので、それはのちに、反転の方向を自在に変えることができるようにもなる。

短床犂で最も画期的な成果をあげたものが、福岡県の林遠里《はやしえんり》という人の開発したものである。これで耕深を少し深める。

日本の稲作の常識では、心土があって浅い作土でもって、米をつくるということであったのだが、深く耕したほうがよいという考え方も一方にはあり、稲つくりをやっている篤農家とか精農家の人は、絶えずそういうことを求めて工夫していた。たとえば、明治初めの日本の三大老農の一人といわれている船津伝次平——明治にはいると政府の顧問みたいなものになるが——は、全国各地のすぐれた農耕のやり方を調べて、そのなかに、奈良かどこかでこういうのがあったといっている——手で三尺まで田を掘って、掘り上げた田にソダをたてに入れるという技術がある。船津伝次平はそれに対して「ソダをたてに入れるということはあまり意味がないのではないか、ことに田にはいったときに足にけがをする危険がある。また、毎年これをやるというのはばかばかしいことではないか」と批評している。

しかし、そのことは、やはり深く耕すということを日本の稲作農家の人たちが絶えず求めていっていたということを示している。船津伝次平も「深く耕すにこしたことはない」といっている。しかし深く耕せば、水は余計必要だし、水も逃げるし、ということもある。そこで深耕するには、表土を全部一度どかしてしまって、自分の耕す耕深を決めて、一尺の耕深を決めれば、一尺五寸なり二尺のところに粘土とか赤土で床を固める必要がある。しかし、ふつうの農家はとうていそこまでやらない。そして、ただ単に深く耕した人はおおむね失敗している。深耕するということは、水の問題もあるし、深く耕しただけで米が余計にとれるといったものではない。そこにたくさんの肥料を入れなければ深耕の意味はなくなる。

乾田馬耕の追求

絶えずそういうことを農民は試みていた。農民が追求していることを、その一人である船津伝次平とか、中村直三とかそのほかたくさんの人たちが、ずっと日本中まわって集会を開いたりして（たとえば農談会という）ひろめてきた。

農民の求めてきたもの――それにこたえてつくりだされたのが、林遠里の短床犂だ。これがいろいろ改良を加えられ、完成品としてつくり上げられたのが抱持立犂《かかえもったてすき》（だきもったてすきともいう）である。これがでてきたということは、実は日本の稲作にとって非常に画期的な意味をもっている。というのは短床犂で深耕していくと（深耕といっても、いままで一寸であったものが、二寸になるとか二寸五分になるという程度のものであるが）、馬にひかせなければ具合がわるいということになる。馬にひかせるということになると、田んぼを乾田化しなければならない。つまり、乾田馬耕である。乾かした田んぼで馬にひかせると、深耕ができるし、耕す速度が速い。この二つが大きな利点である。もう一つ加えると、小まわりがきくので、すき余りが少ない。長床犂ではすき余りが大きく、それは全部手で耕さなければならなかった。そういう意味で、今日的なことばでいえば、たいへん合理的なものができ上がったわけである。

「田区改正」の発想

これはよいということで普及していくわけであるが、普及していくかたわら、乾田にしていかねばならないから、そこで土地改良が求められていく。土地改良が盛んに行なわれていく。それだけの力をこの犂はもっていたからたいしたものである。当時の土地改良はどこからも教わったものではなく、田区《でんく》改正といって農民自身がつくり上げたものだ。

多肥多収というのもなんでもなく考えるが、これは深耕によってはじめて可能になるものである。肥料をたくさん入れるといってもこのままではだめだからということで、篤農や精農の人は、いまでいうスコップのようなもので掘じくってでも深く耕して、堆肥や人糞や、そういうものをたくさん入れて、米をたくさんとる工夫をしていった。それは、そのままでは普及性はない。それが乾田馬耕というものがはいることによって、普及していく、多肥多収という稲作、ゴンチャロフがみたとおり、狭い土地を、世界にまれにみるほど有効に使って、高度な収穫をあげるような多肥稲作。ゴンチャロフが日本にきたのは徳川の末期であるが、これをもっと本格的にそういうものに仕上げていく路線が、林遠里など（この人も農家である）農家の人がつくりだしていった短床犂・乾田馬耕・田区改正である。これらは全部農民技術であり、画期的なことである。

第二章　多肥農業と機械化

一、多肥稲作の探求

この多肥稲作が可能になってきたときに、その次に何が問題になるかというと、その肥料をたくさん吸収して、たくさんの米を稔らせることのできる品種である。細かいいろいろなことがあるが、一口にいうと、明治の後期から大正期には耐肥性の品種が求められてくる、といえる。

「亀の尾」と「神力」

耐冷にあわせて、耐肥ということが求められる。これはチッソが過多になってもイモチにかかりにくいような品種を、というような求め方になる。東北では、代表的な品種として「亀の尾」があった。西日本のほうでは「神力」の普及率が非常に高い。

「亀の尾」というのは、水口の、水の冷たいところで強力に育つ稲があることを発見して、そこから選抜淘汰をして農家がつくっていったものだ。だからそのばあいは、耐肥性ということが先にでてくるわけではないが、耐冷性の品種を農家の人が工夫してつくりだしたわけだ。これは育種交配によらない選抜淘汰でつくってみて、そのなかから強い稲の穂を抜き取ってまたやる、そして、また強い

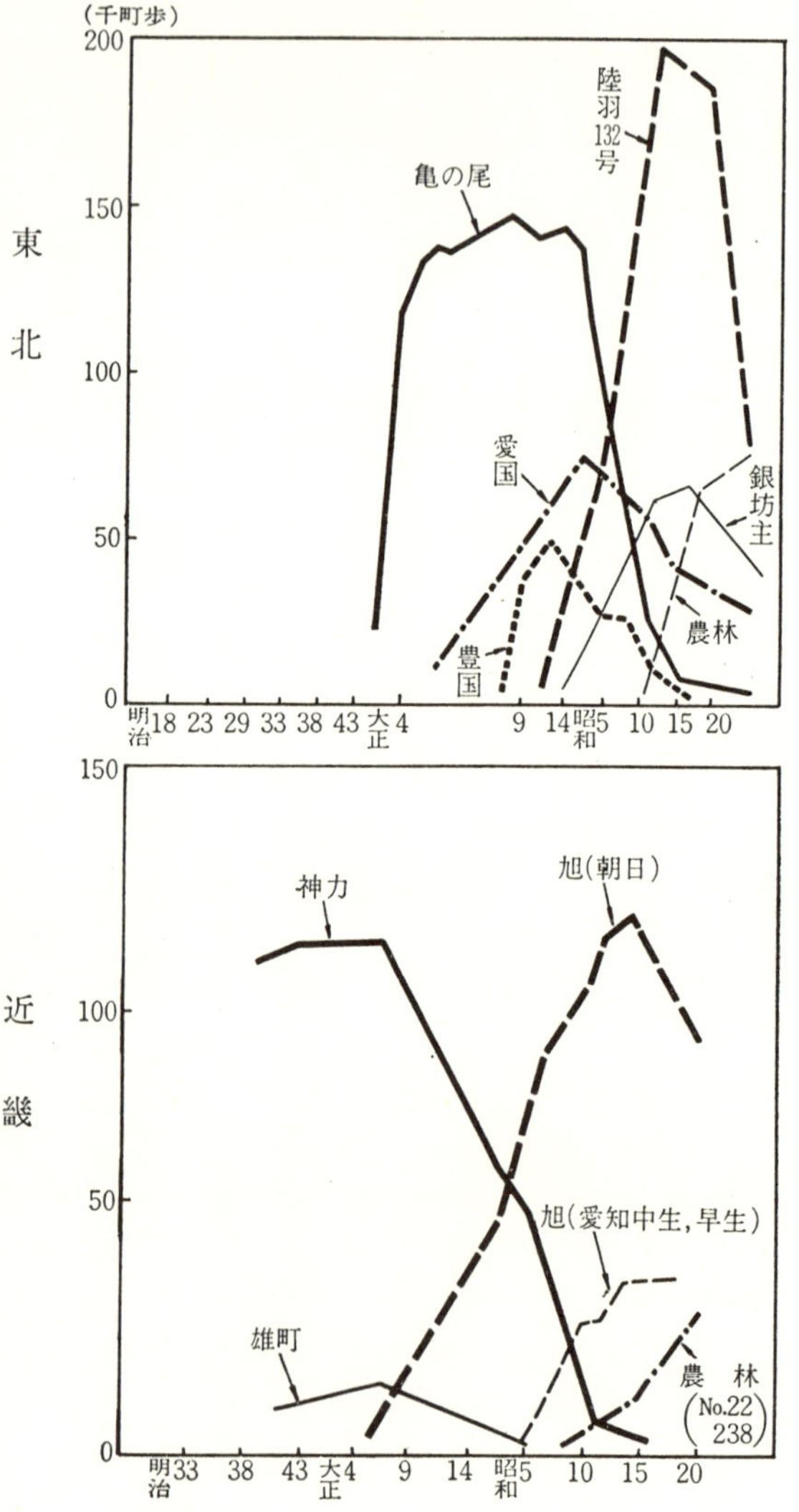

第5図　米の品種の変遷

のを……というように何年もくり返していって、最終的にこれは、おれの稲だというものをつくり上げる。

西日本の「神力」という品種もやはり同じような選抜淘汰によるものである。このばあいは、耐冷ということがねらいではなく、最初から多肥多収ということである。西日本のばあいは、かなり肥効の強い肥料をやるということが先行している。どうしてかというと、西日本は棉作、菜種作——こういう商品作目があった。ことに棉作は北海道からくる鰊粕とか油粕とか、明治の後半になると大豆粕——こういう強力な肥料を投下してつくっていく。

棉作の衝げき

棉というのは、やはり平野部で大阪とか愛知とかで大きくつくられていたが、この棉作が全部だめになってしまった。どうしてだめになってしまったかというと、外国から製糸工場を輸入してきて、綿織物の機械も外国からもってくる。そして、日本の繊維産業を明治政府が外から工場をもち込んで起こしはじめる。ところがその機械に、日本の棉がかからない。日本の棉は繊維が太くて短い。弾力性があって蒲団の綿にはよいが、手でつむいで手で機《はた》を織って木綿織物をつくるにはそれでよかったのであるが、メリヤスみたいな織物をつくる原料としては、細いものでなければ適さない。それで、日本の綿織物が機械化されるのと同時に、インドやエジプトの棉が大量にはいってきて、日本の棉作農民は実に惨憺たる有様になる。東北・北陸の農民もつくっていたが、これは寒くてつくりにくかったため自給程度だった。ところが、西日本の明治初期の棉作農民というのは、棉作に全部をかけた農民だ。これが破綻すると農家はどんどん没落していく。だから、ふつう地主制度というとまず東北のことを思いうかべるものなのだが、明治二〇年ころの日本で地主・小作制度の激しく進展した地域に、大阪とか香川県とか——そういう暖かいところがある。

多肥農業は西日本から

農民の貧乏さというと、東北がすぐにひきあいにだされるが、西日本の生産力のいちばん高かったところの農民が、東北型の貧乏とはちがった意味で貧乏だった。もう借金して夜逃げしなければならないという形で土地を手放す。あるいは棉を取引きしている商人に、鰊粕や菜種粕などの肥料を借りてつくった。ところがとれるころには値段が暴落している——それがもとで借金になって、土地を取り上げられる。そういうところで棉作がだめになって、やはり米になっていく。その稲作に、やはり肥効の高い肥料を使うということがすぐに行なわれていく。東北よりも西日本のほうがそういう面で先に進むわけである。そして、高い生産力を上げる。少しあとになってからではあるが、大阪・奈良・佐賀——これが日本の稲作のトップをいく。昭和一〇年代まではそうなっている。長野とか東北・北陸のほうに高い生産力の府県がでてくるのは戦後である。

「神力」という品種はかなり耐肥性があった。

耐肥性の稲を求めて

東北では、「亀の尾」にかわって陸羽一三二号が、大正の半ばごろからつくられ、昭和のはじめになってでき上がる。ここではじめて、耐肥性をねらった品種が、農林省でつくられた。メンデルの法則を利用した育種交配によってはじめてつくられた品種である。そのつぎにつくられたのが、農林一号で、それ以後農林番号をつけるようになる。陸羽一三二号は、そういう意味で、農林0号になる。これが秋田の陸羽支場でつくられ、「亀の尾」にかわってずっと普及していく。

西日本では、「神力」にかわって、「旭」が普及していく。「旭」という品種は実に驚異的な普及を示すが、これは農家の人の選抜した品種である。一応京都の試験場で公認するために、試験場の名前がでてくるのであるが、これが大正末～昭和初期、東海・近畿・九州という西日本の全県の水田の五〇パーセントを占めたといわれる。いま、品種統一などと盛んにいわれているが、当時はそんなことを誰もいわなかった。にもかかわらず、これほどに普及した。いかに強力な品種であったかということがわかる。いま「日本晴」だとか何とかいってもこれほど普及した品種はない。こんなに広がったのは、とれた米の値がよいということもあったが、技術者の話ではやはりチッソ肥料に強い品種であったといわれている。

単肥への方向

こういうふうに耐肥性の品種ができてくるということ――それ自体は、たいへん日本に向いたもので、農民自身求めていたものであるが、それから先が問題なのである。そこから先の農業技術には、外国からはいってきた農業技術の観念が非常に強くそれに結びついていく。どういうふうに結びついていくかというと、日本の学問はドイツの影響が強いのであるが――ドイツというのは、ものごとを分析するのが好きだ。分析的な学問として発達している。私らが学校で習ったのもそうであるが、肥料というものをチッソ・リン酸・カリの三要素に分ける。これがそれぞれに効いて肥料となっているという考え。当時は微量要素ということはあまりいわなかった。日本の学者はああそうかといって感心して帰ってきたわけである。

日本でも、明治の後期には硫安というものをつくっている。つまり、チッソは硫安という形で工業的につくられるようになる。それで単肥という概念ができるわけだ。分析的なものとして単肥という概念がある。これが日本で農業技術が研究され、試験場でどんどん農家に普及していくという段どりで、チッソ・リン酸・カリというように肥料を分けることができて、それを単肥としてつくることができるということになる。これがそのままの形で農家の人たちに対する指導としてはいっていく。

明治になってから、はじめのうちは、肥料というものは堆肥とか人糞とかいうものでやっていくんだ、そして、その使い方をいろいろ工夫して、米というものを余計とるんだ、乾田馬耕で堆肥やら魚粉やらを入れたり、大豆粕を入れたりして余計にとれるようにしていく。そういう努力がねられてきた。ところが、ここでヨーロッパから学問がはいってくる。日本は学問と学者を尊重する世界に突然なっていくから、分析したものを別々にチッソはこういう効果がある、リン酸は、カリは……という学問をそのまま、単肥という形にして農家に別々に供給するという考え方で教えていく。

御本尊のドイツなどでは

私もそういうものだと考えていたが、御本尊のドイツその他のヨーロッパ諸国では、こういう単肥というものは、いまだって補助的なものとしか考えていない。特殊な作目は別にして、一般的なものではあくまでも補助的なものとして考えている。調整とか促進するとか、あるいは果菜にはリン酸がいるとか、葉菜にはチッソがよいとか——そういう形で補充的に与える。あるいは堆肥にそういうものを混ぜるとか。この作目に、この堆肥に、どの程度補充として単肥をいつ追加したらよいか――そういうことを彼らは一生懸命研究し、農家に普及する。

つまり、大学その他の研究機関で、チッソ・リン酸・カリと三つに分析した。分析したのは、堆肥やら家畜の糞がどういう効果をもっているのか、なぜ肥料となって作物にプラスになるのか、ということを研究した結果としてでてくるのだが、これを指導として（彼らには、あまり指導という概念はないようなのだが）、とにかく農家に影響を与えていくようなときには、もとの堆肥に総合して、戻していって、堆肥の使い方として農家の人に教える。堆肥には、チッソ・リン酸・カリという栄養があって云々……だからそれ以上に、この作物には何が必要だから……というような形で単肥を補充する。分析したものを生のまま単肥として農家に教えていくのは、日本の指導がはじまってからのくせのようだ。大正・昭和と。

NPKを知らない農場主

だから数十町歩であろうが、数百町歩であろうが、そういう農家の人たちは、みなさん日本の農家の人にたちうちできないだろうと思う。一ヘクタール当たりのチッソを単体にしたら何キロになりますかとヨーロッパの農民に聞いたら、ほとんどの人は、質問の意味さえわからないだろう。チッソ・リン酸・カリなどというふうに自分のやっている肥料を認識している農家というのはむしろ変わり者であると思う。私は、そんなにたくさんの人にあったわけではないが、感じとしてはそうだ。とにかく牛をどれだけ飼っていて、堆肥をつくって、これをやっていれば昔からできるんだということである。このごろ営農指導員の指導で化学肥料を少し混ぜるようになった。そのおかげで昔より少しとれるようになった……ともちろん喜んでいるのだが、そんなにむずかしいことは知らないし、教えても無関心のような気がする。

余談＝あちらで拾ったはなし　話は少し変わるが、経営の分析みたいなこともしない。五〇町歩、一〇〇町歩とやっている農家に行ったって、帳簿をもってきて説明する農家というのは、一軒もない。

農家に行って、日本人が質問をだす。あなたのところ、粗収益いくらですかとか、所得率はとか。そんなことをいったって、指導員の人に通訳になってもらっていくらやってもだめ。税金いくら納めているかといってもわからない。ばかな人間ではない。すてきな生活をし、たいへん文化的な顔をしている人で、「これからパーティにでかけます」といって夫婦でもって、すてきな車ででていく、昼間は真黒になって、百町歩、二百町歩の土と格闘している人だ。それでも粗収益はいくらで、経費がどのくらいかかって、結局いくらくらい残るのかと質問してもわからない。ところが営農指導員となると、そういう専門の学校教育をうけているから、質問の意味はわかる。それで一生懸命聞いてくれるのだが、彼もよくわからない。せいぜい、麦がどのくらいで……と聞きながら作目別に計算して、自分で数字をつくってくれる。だいたいこのくらいになりますねと、営農指導員が教えてくれるくらいのもの。

「農家簿記……?」

どういうふうな感覚で暮しているのかわからないが、彼らが話すには「自分は百姓が好きだからやっているのであって、生産が成り立っているかどうかよくわからない。酪農のほうはどうも赤字らしい」という。数字でそれを明確に示すことはできない。赤字ならやめるかというとそういう感覚はない。ほかのことも一緒にやっているのだから、全部合わせて農業として暮していければ何ということはないという考え。日本でも帳簿をつけてない人も一般的には多いと思うが、赤字部門がでたらその原因を分析し、検討してどうこうということになる。こういう農業簿記学というのは、ヨーロッパから日本にきているのであるが、ヨーロッパの人はみな簿記をつけているかというとさにあらず。日本では簿記をつけろ、つけろというが、彼らには、つけないというより、つける感覚もない。企業的な認識というのは全くない。百町、二百町歩とやっていても、企業などとは思っていない。

そういう経営分析という分析的なものの考え方が、日本では学問の世界でなされるとそのままの形でおりてくるが、ヨーロッパではそうではない。

二、戦後の機械化

硫安と小作人

日本の工業の急速な成長というのはやはり軍需面である。とりわけ硫安工業に関係するのは製鉄である。昔はチッソ肥料といえば硫安と決まっていて、硫安というのは硫化鉄鉱から鉄をつくっていく過程で副産物としてつくられてきた。

どんどん硫安ができていく。それをどんどん農業のほうにぶち込んでいく。いまの化学工業というと石油化学が主体であるが、昔では硫安工業というと化学工業のいちばん代表的なものであった。これを農村に送り込んで、農家にどんどん使わせていく。地主制度を調べていくと、大正の新潟県の千町歩地主が硫安を小作人に貸す。利息はとらない。そして米をたくさんつくらせて、小作料をたくさん納めさせる。鉄工業の最大の眼目は軍需工業であるが、ともかく日本の鉄工業が非常な発達を遂げていく過程と、硫安が大量につくられていき、その大量の硫安が、乾田馬耕による農民的・伝統的稲作を、化学肥料に依存する稲作へと大きく移し変えていく。まだまだ堆肥など使ってはいたが、そこから路線が、鉄道のポイントが切り変えられたように変わってきた。

私にいわせれば、多肥稲作も、必ずしも化学肥料ばかりに依存するような方向にいかなくてすむ可能性はいくらでもあったと思うが、そこに、化学肥料でという国家の政策と指導が強力にはいってきた。そこにまた、だんだん戦争になってきて、人手も足りないから堆肥をつくるよりも化学肥料でということになった。そのうち戦争がひどくなると化学肥料自体も不足するようになるが……。とにかく、そこまでは化学肥料への依存度というものはだんだん高くなっていった。

戦争に負けて

第二次大戦のあとでは、アメリカをはじめとする占領軍のいちばん大事な占領政策は何かというと食糧政策である。どこのばあいも食糧政策がうまくいくかどうかが、占領した司令官の首が安泰かどうかが決まるといわれるくらいである。食糧が足りない。だからとにかく化学肥料をたくさん使わせて、米をたくさんとらせて、日本の食糧を確保する——これが、司令部の経済政策になった。とにかく化学肥料の生産は、日本の戦後の経済復興の最重点項目の一つになった。化学肥料に対する当時の国の力の入れ方というのは何かというと、食糧政策——ことばとしては「農業復興」であるが、農業復興そのものを農民の立場に立って考えるというようなものではなくて、とにかく、米を農民につくらせようということで進んできただけで、その先の農業がどうなっていくかなどということは毛頭考えもしない。そういう形で徹底的に多収穫の米つくりを化学肥料でやらせようとしてきた。

そのコースがでてくると、あとからでてくるものは、みなその形でとらえられていく。自動耕うん機がでてくると、飼っている役畜はむだになる。それでも牛を飼っていると、何でおまえ牛を飼っているのかと県や農協の指導員がやってくる。牛がいないと肥料ができないというと、そんなのはやめて化学肥料を使いなさい——こういうことになって、堆肥を使っていること自体が、日本の遅れであるかのように教えられた。ヨーロッパでは、いまだって堆肥主体の農業である。人糞を使っているのが遅れであるというのなら、わからないこともない。しかしこれも、ヨーロッパのある農学者が明治のころ日本にきて、日本人が人糞を使っているということに非常に感心をした。「これは認識を改めなければならない。人糞はきたないものだと思っていたけれども、非常に重要な肥料だ」というふうにいったりしている。だから、人糞を使っていることだって、遅れていることかどうか疑問であるが、これはまあともかく、堆肥を使っていること自体が時代遅れであるというのは間違いだ。

耕うん機がはいるということが、堆肥を使うような、自然の循環――家畜をおく、とれたワラ、あるいは山からとってきた草や木の葉を活用しての、自然との間の連関のなかでの農業というものを、機械がはいってきて断ち切っていったわけである。

作目部門と技術

そして、稲作なら稲作部門で、技術の追求の仕方は完全に独立してしまう。農業の機械だって、もちろんヨーロッパからはいってきている。ところが、ヨーロッパでの機械のはいり方というものは、土地を耕すことがあり、草を刈り、草を運んでくる、牛に食わせてそれで堆肥をつくる――堆肥をつくるといっても手で切り返すのではなくて、すべてトラクターのアタッチメントを替えることによって、畜舎の床に山と積み上げられた敷きワラを、トラクターでバックして突込んですくい上げ、箱のなかにどんどん入れて、堆肥舎にもっていってバラッとあける。堆肥を積み上げてしばらくしたら、エスカレーターみたいな機械をもっていって堆肥の切り返しまでやって、たいへんよい堆肥をつくり上げる。そういうふうに、日本と事情はちがうものの、とにかく家畜・放牧場・採草地・飼料作物・穀物栽培等々というふうに、いろんな部門の横の結びつき――日本の農業だって昔はやられていたのであるが――そういう結びつける役目を機械がもっている。だから、機械を入れたならば、堆肥みたいなめんどうくさいものはやめてしまうというのではなくて、堆肥のようなめんどうなものを機械化するという要求が農民からでてくる。農民からでてくる要求であれば、当然そうなる。ところが、極端にいうと、肥料工場からでてくる要求であれば、堆肥のようなものはめんどうだから機械化とともにやめるということになる。昔から堆肥を中心として自然とほかの部門との循環のなかでやっていた農家の人たちが機械化を自分で求めるならば、それをどう機械でつなぎつけるかということを考えるであろう。

稲作機械化一貫体系

日本のばあい突然に機械が外からはいってきたわけだ。機械屋。それともう一つは、日本の農業機械の研究というのは試験場でやっている。ところが、試験場では稲作の研究部、酪農の研究部というように部門別に分かれてしまっている。経営研究部というのがあるが、そういうことは全然やっていない。そういうように別々にやっているものだから、彼らが求めている機械というのは、耕うんから田植えから、収穫から乾燥に至るまで、これをどういうふうに機械に結びつけていくか——横に、部門間に機械を結びつけていくのではなくて、稲作なら稲作というところの作業と作業をどのように機械でつないでいくか——その研究しかできない。これを称して稲作機械化一貫体系という。

それ自身わるいことではないが、一貫体系ということばはやはり間違っていると思う。それは一つの部門を他の部門と切り離してしまっている。そうなると、もう農薬と化学肥料と機械に完全に依存した農業しかできなくなる。機械化はどうしたって、みな、労力の検約その他の点から求めていくことであろう。だがしかし、その機械化を、他の部門から切り離してきたものだとなると、これは化学肥料や農薬——これはどんなに無農薬栽培がよいといったって、それは単なるくり言であって、それを農家の人に要求すれば、農業のほうが失敗する可能性が強いと思う。いままでの体系というものの基本的な反省なしに、「農薬使うな、残留農薬がどうだ」ということだけいっていることは、これは農家の人を困らせるだけのことだと思う。

切り替えられたポイント

いますすめられているような機械化では、結局自分の田んぼから、農家の人たちがお役ご免になること、つまり、人間的な労動と生活というものはもう自分の田んぼと結びつけては存在しなくなってくる。だから、ある学者は「もう自分の田んぼでも、耕す会社がやってきて耕す、肥料屋がヘリコプターでやってきて肥料なり農薬をまく、それが新しい農業の方向だ」といっているが自分は外にでてると農薬がかかってくるからうちにはいってみている——私にいわせれば、「おれの田んぼを返してくれ」というような状況だ。それは誰かが親切でやってくれるのではなくて、全部それは企業に利益がいくということだから、せいぜい農家の人の手元にのこるのは地代——安い安い地代部分くらいのもの。いまの請負耕作の地代なら収穫の半分くらいとれるかもしれないが、そうではなくて、もっときちんと資本主義的に計算された地代がやっと手元に残ればよいというふうになる。そのような方向というのは、いまのように縦に耕作の部門を分担するような方向、先程いったようなコースというものが、出発点は農家の人が考えだしていったものであるが、途中から線路のポイントが切り替えられて、グーッといまいったような方向に行ってしまったということになると思う。

三、耕起と機械耕うん

耕うん機・トラクターという過程を経て、いまではずい分深く耕せるようになった。つまり深耕になってきた。

土の反転

ところが、今日やられている大部分の機械耕うんというもの、これは、農林省とか、いろいろな農業関係の機関で使っていることばを聞くと「耕起」といっている。「耕し起こす」ということだ。この耕し起こすということは、犂ならば実感がある。畜力による犂から、機械の犂になっていって、これはやはり、トラクターでひっぱるようになっていく。

プラウによる土壌の反転――土に切り込んでいって、斜めに起こして、前に起こした部分に寄りかからせるわけだから、返される前には下を向いていた部分が返されて斜め上を向く。上の面が斜め下を向く――これが「反転」である。こういうのを、常識的には起こすという。

この犂による起こすという作業を、プラウはそのまま機械化によって継承していっている。

ところが、いまの耕うん機は(あるいはトラクターでも)、耕起といっても、あれは起こす作業ではない。起こすのではなくて、攪拌的である。ひっかき・かきまわす。それを機械の力で深く、一〇セ

第6図　プラウによる反転

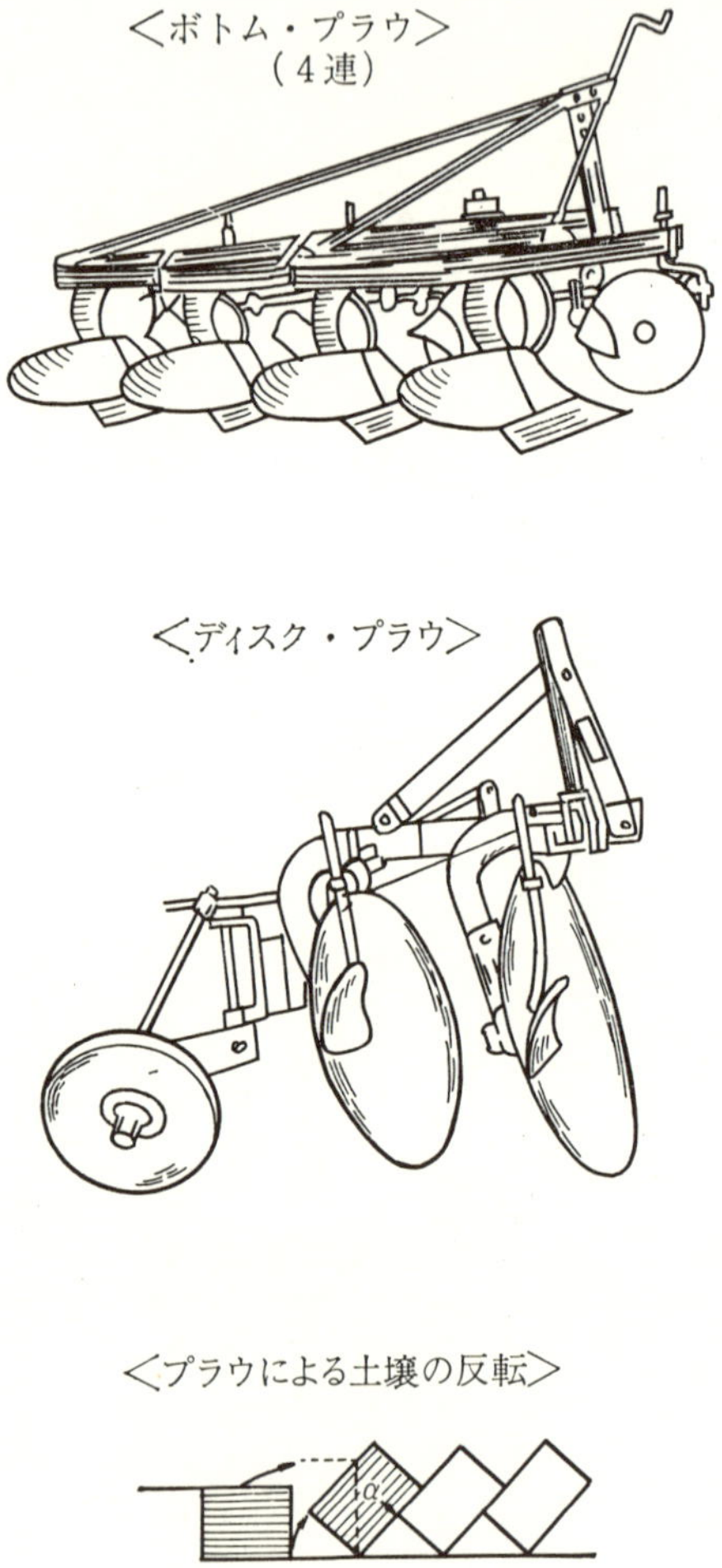

ソンチ、二〇センチというふうにやるようになっている。

機械耕うん

米が余計にとれれば何だっていいじゃないか、ということだが、私としては、反転とはちがうと思うし、いったいどういうことを意味するだろうかと考える。いきおいよく攪拌すれば、下のものは上に上がるし、そういう意味では上下よくかきまわされるのだが、耕土の上から下まで土壌の構造が同じになる。

しかし、いろいろ調べてみると、昔からやっていた日本の稲作というものは、犂であまり深くはないが、反転する。そのあと代掻きでもって、さらに上を浅く攪拌にあたることをする。いまの耕うん機・トラクターの概念からいうと、代掻きはいらない、やらなくてもよい。これは直播をやったり、あるいは稚苗の機械植えをしたりするときには、代掻きをよくしなければいけないということで、トラクターを縦横にやるとか、直播も均平を強く要求するから何度も縦横にやるとかいう意味での代掻きの要求というものがあるが、粗雑に考えれば、これをやっておれば代掻きはいらないというわけだ。

粗い土細かい土

反転をして粗く返したものの上を代掻きするということのもつ意味であるが、表土に近いところ何センチかが代掻きされているということは、活着その他で非常に重要な意味がある。というのは、下のほうにいくと粗くなっている。昔のやり方では、裏作しないばあいに秋に荒起こししておいて、春にもう一度犂を入れて、さらに代掻きする。そうすると下は粗い構造で、上は細かくなる。下の構造が粗くなっているということは、水のタテ浸透をうながす。水がほどよくタテ浸透するということは、稲の生育にとって非常に重要なことで、それには三つの理由がある。一つは、稲の根に対する酸素の供給、もう一つは、土のなかを水が移動しているということであって、こ

第7図　耕うん機による攪拌

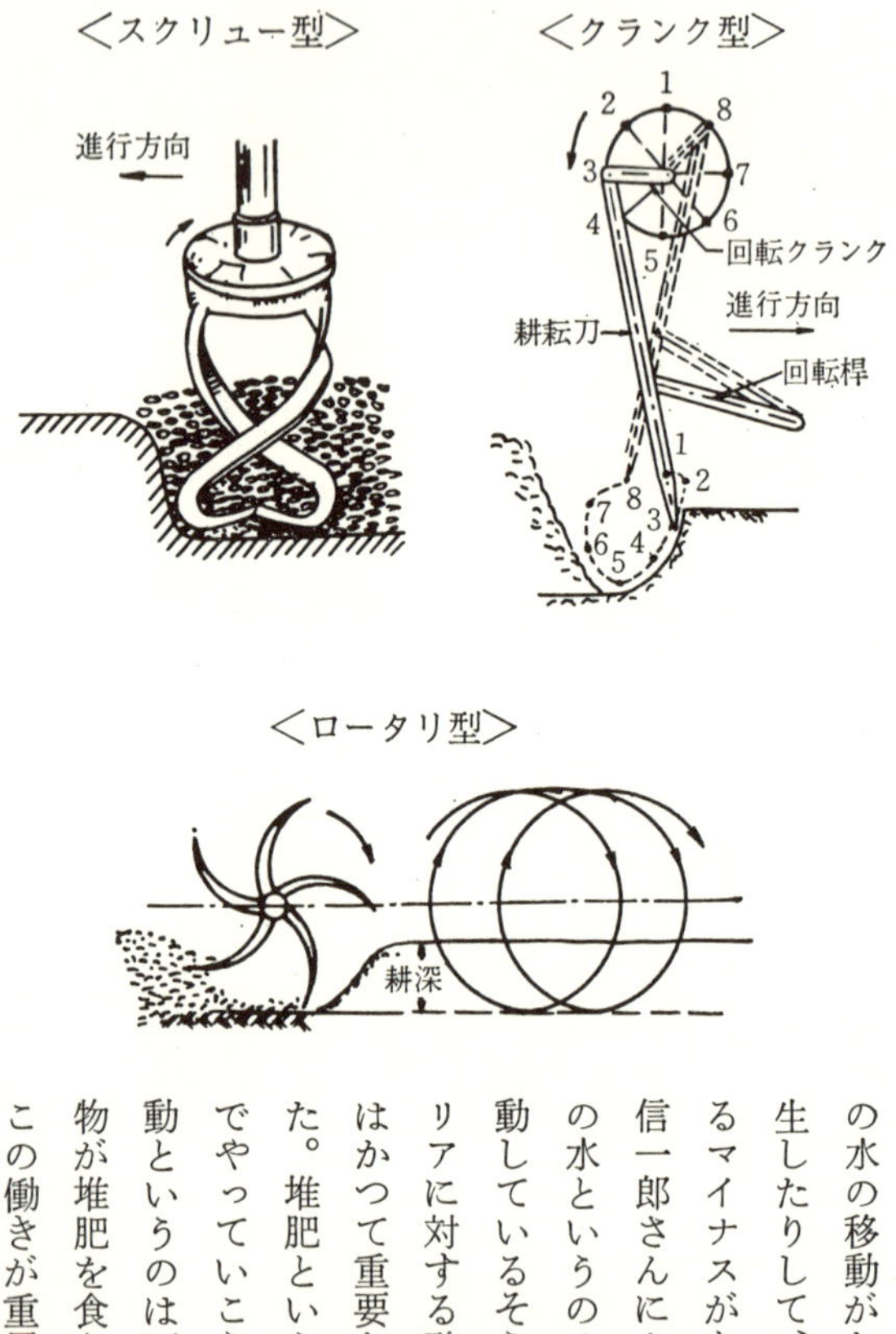

の水の移動がなければ悪ガスが発生したりして、いろいろ根に対するマイナスがある。第三に、川田信一郎さんによると田んぼのなかの水というのは横にゆるやかに移動しているそうであるが、バクテリアに対する酸素の供給——これはかつて重要な意味をもっていた。堆肥という有機質肥料を稲作でやっていこうとなれば、水の移動というのは不可欠になる。微生物が堆肥を食う、炭素を食う——この働きが重用な意味をもっていて、根のあたりに億というバクテリアがいて、それが有機物を分解し、根に養分が吸収されてくるのを助ける——この好気性バクテリアが呼吸に必要な酸素がなくなれば、堆肥をいくらやってもだめだということになる。

いまの日本で使っているトラクターの掻き回し方式でいくと、土壌の構造が上から下まで完全に同じ質になってしまう。これは、一見理想的なようにみえるが実は逆であって、上が細かく下が粗いということが必要なのである。しかし、バクテリアなどいらない、バクテリアの働きに期待しない稲作であるならば——もともと農薬で死んでいるし、化学肥料でやっていればバクテリアなどいらないんだという農業であるならば、いまの掻き回し式のクランクやスクリュー型のもので何不自由なく稲もちゃんととれる——そういうことになるのである。

「耕起」というとことば

これを農林省の役人は、起こしてもいないのに「耕起」と称している。これは攪掻にすぎない。こういう耕うん機が普及して、結構稲がとれているということは、バクテリアの天然の働きに依存する度合が弱くなっている——そういう稲作なのであって、その道をただ求めているならば、この耕うん方式に文句をつける筋合いはないということになる。はたしてそれでよいのかどうかという疑問をもち始めれば、犂で耕していたものが、どうして急にクランク型やスクリュー型耕うん機のようなものに替わっていったのかわからないが……。日本にも、馬にひっぱらせる犂と同じ形のものを耕うん機の後にくっつけた反転用の耕うん機があった。これは、ごく短い期間でたちまちにすたれてしまい、クランク型やスクリュー型に切り替わっていった。これらの型にすぐ移り替わっていったことと、化学肥料に切り替わっていったということが結びついているように思う。

四、農業の機械化の意味

生産の主人公

経済学には、産業の発達、生産の発達の度合は、道具・機械の発達を基準にするという考え方がある。機械の発達がすべての基準になる。しかし、ふつう経済学というのは工業を対象にしている。なるほど工業というものは、機械でものをねったり、削ったり、たたいたり、混ぜたり、焼いたりすることだ。つまり、機械の作用でものを生産する分野であるから、機械の発達が生産の発達と同じことを意味すると考えるのは当然のことと思う。

ところが、その経済学が、農業経済学とか農業問題とか農業理論とかに、逆にもちこまれてきて、現代の日本では、農業においても工業のように機械が生産の主人公であるという考え方がされるようになってきている。

しかし、機械が生産の主人公であるというのは工業の話であって、農業では、まずは人と土地である。養鶏その他の畜産、および養蚕のようなものは土地を必要としないという人が多くなっているが、餌とか桑とかを考えれば土地を利用していないといえるかどうかわからない。たとえ、一応土地を利用しない農業部門であるとしても、それは鶏がケージのなかで一生すごすとしても、その鶏のもっている自然生的な循環——つまり、卵を産むというのは、生殖ないし繁殖機能で、牛乳がでるということも、これは何か機械からコックをひねると自動的に牛乳がでてくるような錯覚をだんだんおこすような雰囲気になっているが、これは、やはり牛が子供をうまなければ乳はでない。牛は乳をだすためにだしているのではなくて、子供に飲ませるために乳をだしているのである。しかし、その乳が余計にでるように、卵を余計にうむようにというような品種の改良とか、飼育の仕方とかいうようにそれを促進することはできるだろう。しかし、どんなに促進しようとしても、子供をうまない牛に乳をださせることはできない。玉子というのは、文字どおり子供としての卵なのであって、それが無精卵がどんどんでてくるから子供としての意味はないかもしれないが、やはり繁殖機能。

石けん工場

米をつくるにしても、米をとるということはどこかの石けん工場で米をつくるような具合にはいかないわけで、米は生殖機能の結果としてでてくるのである。育ち、生殖が行なわれ実がなる——この関係を経なければ絶対に米というものはつくれない。だから、どんなに高度に発達したアメリカの畑でも、麦はだいたいが一年に一度しかとれない。箱のなかの実験では、一年に二度も三度もできるかもしれないが、生産として考えれば、米や麦は一年に一度しかつくらないし、牛は分娩をしなければ乳はでない。これは、全部自然の営みである。

この自然の営みが主人公であって、そこに、ミルカーをくっつけてどんなに機械化して、その機械を見学者に見せて、工場のようにりっぱになりましたねといっても、乳をだしている牛は繁殖機能の所産として乳をだしているのである。自然生的な関係に機械が入れ替わるということは絶対にない。牛がいなくなって、機械だけで乳がとれるかというとそういうことはない——あるとすればそれは農業ではなくて合成化学になる。

ところが、施設園芸、施設畜産、施設農業か、あるいは稲作その他の機械化ということによって、機械が主人公になっていって農業が工業になっていくような——そういう錯覚を日本の全国民がもちはじめている。あるいはもとうとしている。

機械や農薬などは、自然生の——自然の生きた状態、自然の生きた循環——そういうものを助けたり、促進したり、おさえたり、調整したり——そういう働きをするものだと私は思う。つまり、補助的な働きである。人が自然生的なものと結びついてやっている、人が自然生を活用し、それを助けたり、促進したり、調整したりして、それを農業としている。その手段としての機械であって、人間や自然生が機械に従属してしまうことはない。工業のばあいはおおむねそうなってくるが、農業のばあいは、生産を機械が替わってやることはできない。やっているように見えても元の製造は機械の力ではないのだから、それを吸いだしてもってくるとか、うまれた卵をコロコロとベルトで自動的にころがしてきて機械の力で箱に入れたり、餌を機械の力で与えたりということはあるが、卵をうんでいるということは機械の仕事ではない。

培養液の濃度

どの農業分野をみてもそうだと思う。礫耕栽培のハウスのピーマンをみたって、トマトをみたって、これは、温度や培養液の濃度を自動的に調整して、そして、決まったタイミングで培養液を入れたりだしたりそれ自体はたしかに機械化している。しかし、トマトをつくるのはトマトの苗なのだ。この関係はどんなにそれが自動的に調節されていても、その生産のもとは自然的なものと人間の関係である。それを、錯覚をおこさせよう、おこさせようという一定の方向がある。それは、現代では日本の高度成長の政策であって、結局、工業を国の主体にする、そして農業を従属させるという、農業をいやしむという思想とも関係していると思う。資本が圧倒的な力をもっているし、その圧倒的な力をこの狭い日本でいっそう活用するために、ひとつは外国との輸出貿易、もう一つは国内の工業市場の開発ということになる。

工場とか機械とか化学製品を国内にどんどん買手をみつけていく。農村は重要な市場になるわけで、農村がおっとりしたヨーロッパみたいな農業をやることは、日本の工業をどんどん成長させていこうという思想からすると困る。農業が工業によりかかる、工業がなくてはできないような農業になっているということが工業にとっては必要なわけで、そういうふうに農業をつくりかえようという思想が非常に強い。それだけの理由で、いまのような農業になってきたとはいえないけれども、この面が非常に重要だと思う。

五、機械化と労働生産性

田植機の功罪

機械がはいり非常に生産力が上がって、農作業が楽になった。けれども、その楽になったということが、同時に自分自身の首切りを意味している。こういういい方はほかの人はしないし、あまり聞いたことはない。田植機がはいれば田植え作業はなくなるし、機械を運転する労働は残るが、それにしても奥さんが田植機を入れることによって作業をしなくてもすむようになり、とても楽になったという。こんな話を雑誌や新聞でみるが、私にいわせると、それは自分の農業から首を切られたことを意味する。そんなことはない、田植えしなくてもよいようになって、楽になった……。

田植機がはいってくるということ自体がいけないかどうかをいってみてもしようがないのだが、しかし、その結果うみだされる「首切り」現象というのもかわらなくて、結局、手がすいて家でブラブラしていれるかといえば、はじめの一年くらいはよいけれども、やはり外に行って稼いできて田植機の償却に当てる。こういうことになっていく。この関係をどこかで、機械ははいってもよいが、しかし、機械によって首切りにならないような、そういう進歩の仕方を求めていくのでなければ、機械がはいってきて自分が追いだされるというような状況になると思う。

特論　農業の進歩と社会の進歩

進歩の宿命

進歩ということについて云々することはおこがましいことかもしれないが、「進歩のために」とか「進歩させる」とかいうふうに、人が意識してつくっていく進歩というものは、それよりも大きなマイナスをのこす――と思う。進歩というものは、「進歩させなきゃ」と意識するのではなくて、自然に人が求めてよりよく、もう少し米を穫りたいとか、もう少し楽になりたいとか、そういう欲求があるわけだが、その欲求を人々が自分の工夫でもって少しずつ実現していく、徐々に徐々に時間をかけてつくられた進歩というものは、後戻りも少ないし害も少ないと思う。それは、二代も三代もかかって、ふり返ってみると、ああずいぶん進歩したんだというような、やっている当事者は進歩などということばは口にもださない、近代化とか合理化とか、そういうことは口にもださない、考えもしない――しかしそれでも、人間というものは、ほおっておいても絶えず進歩しなければいられない宿命を負っている自然界ただ一つの動物である。万物の霊長とかいって人間はたいへんにちがうんだといっているけれども、私からいわせると、ちがいとか何とかいうのではなくて、宿命である。

人間はむしろ、万物のなかで一番臆病で、欲張りだからそうなるのだと思う。これをキリスト教では、アダムだかイブだかがリンゴを食ってから、人間の罪は決して消すことができないものになったという。その罪とは何かというと絶えず欲を追い求めているということ。進歩ということを特別に考えなくても、今日よりは明日、今年よりは来年というように考える。月給取りなら少しでも月給が上がることを期待するし、農業をやっているなら少しでも米がとれたり、少しでも労力が節約になったり、少しでもお金がたまるように期待する。それは、人間の宿命であり、背負った罪の償いみたいなものである。

意識的進歩

そういう意味では、人間というものは放っておいても進歩していくものだと思うが、それを意識して「近代化しろ、進歩しろ」と口にだしていうときは、何か非常に危険なものを感じるし、そういう形ですすめられ、つくられていったばあい、その「進歩」と同じ程度に、ばあいによってはそれ以上に大きな害を残していくのではないか。進歩というのは本当に気がつかない、自然に、振り返ってみたら「ああ進歩していたな」というような性質のばあいは比較的害は少ない。これは、大きな城の一番下から、少し時間をかけて積み上げた基礎の石みたいなものである。

急いで進歩してみたところでどこまでいけばよいというものではないと思う。やはり、人間の生活がそれによって破壊されたりする。お金はたくさんはいってくるかもしれない。しかし、半年は旦那さんは都会にでている。外にでれば、道路工事をやったり橋をつくったりビルをつくったりいろいろやっている。

無菌状態の人たち

農村に行って話を聞くと、亭主が出稼ぎから農村に帰ってくると、ことばはわるくなるし、行儀や柄《がら》がわるくなっているという。それをわるくいってはいけないので、その人がわるいのではなくて、そういう環境のなかに突然にはいっていく――農村のような、非常に人情豊かな、静かな、部落のなかではお互いに行儀はよいし、家庭のなかでもたいへんよい状態をつくっている人たち――つまり無菌状態の人たち。この菌のない人たちが突然ばい菌ばかりのところにはいっていくわけだから、その感染の仕方が早いということはあたり前のことで、競馬・競輪、賭博、酒は飲む――少し意志の弱い人は、すぐそちらの道にはいっていく。これは新聞や雑誌その他でいろいろ問題になっていることであるが、そういう取り返しのつかない生活破壊がおきている。

というのは、あまりに急いで進歩を自分からも求め、はたからもそういうように仕向けられているからなのではないかと思う。

みなさんがやっている仕事と、私の仕事と比べることはむずかしいのであるが、学問をやっている人間も、自分の学問の進歩を考えたときにはおしまいだと思う。一生懸命やっている、それがはたから人がみたり、死ぬときにふり返ってみると多少進歩したかなあということがあるかもしれない。それでよいのであって、自分の学問を進歩させようなどと考えるときには大変学問的にはいやしくて、鼻もちならない学者になっているようなものだ。自分の専門の仕事に、進歩や近代化を意識するのではなくて、それ自体を自分に合ったものとして、自分が求めたいものとして、自分を突っ込んでやっていることが、はたからみると進歩になるかもしれない——そういう性質のものであると思う。

情報の進歩

そうだとすれば進歩というものは、自分が考えてつくるものだということになる。だから、営農指導員や雑誌やテレビや、そういう情報的なものでもって、「この機械を入れると進歩になる」というようなものを全部一度自分のところで遮断しておいて、そして、本当に自分がこれだと思うものだけを入れるというようなものではないか。それも進歩のためにということではなくて。

農林省のだした「現代社会における農業の役割」をみると、社会のために農業がまた一つ役割をしょわなければならないようなことをいっている。しかし、役割とか使命などということは、農家のばあい昔からいわれているからあたりまえだと思うが、およそ職業の種類に分けてみると、社会に対してこういう役割をもっているなどと、国がいうことができるのは農業だけである。産業の進歩のために犠牲になってくれというような役割を要求したり、あるいは都市が公害のために死んだような状態になる——そうすると、農村の役割は自然を守って、都市の人たちをときどき受け入れて、都市の人たちの健康を回復する役割だとか……。都市のほかの企業や商業の人たちに、国があんたたちの役割はこれだといっていたとしても誰も相手にしないだろう。たとえば、造船業の役割などといって、大造船会社の社長が「わが国の造船業の役割は……」などといっているが、そのいっている役割とは意味がまるっきりちがう。結局、造船業をどのように発展させ、もうけていくかということを上手にいっているだけで、本当のことをいえば、誰がそういう権利や資格があって、人に役割などといえるのか。そういう時代ではないのだが、いまだに「現代社会における農業の役割」という、あの農林省の一連の文章のなかに、「役割」ということばが十も二十もでてくる。

人類死滅の道

進歩とか近代化、合理化とかを外から求めるというものは、全部拒絶して、自分のやりたいと思うことをやっていくということが結果として進歩なのだろう。私にいわせれば人類は何も死にいそぐことはない。進歩というのは、人類が死滅に向かう道だから、なるべくゆっくり歩くほうがよい。日本は、戦後非常に早く歩いた。「追いつき、追いこせ」ということで、その意味では、いまではヨーロッパなどを追いこすような状態になってきている。

それは、破滅への突進のようなもの。私にいわせれば、そこから日本の民族を守ることができるとすれば、やはり農業のウェイトをもっと大きくしていくことしかないと思う。そういうことを私がいうということは、私もやはり農業の役割をいっていることになるのかもしれないが、それはもっと大事にするということの結果としてそうなるということである。機械産業や化学産業に従属しやすいような形になっていくことを農業の進歩だとうたっていることは、やはり、破滅への道を人より早く歩むことだと思う。そういう意味で進歩など遅いほうがよい。

急行列車

新幹線だって、時速二〇〇キロが、今度は三〇〇キロになり四〇〇キロになって、どこまでいけばよいのか——およそ限度がある。ほどほどがよいと思う。東京から大阪まで歩いていくのがいいとは僕もいわない。私は普通の急行列車などではそのなかでものを書くくせがあるのだが、特急だとゆれてしまって書けない。また、歳で老眼鏡をとりかえないと、新聞や雑誌の細かい活字がみえない。列車が激しく揺れると目がつかれてしまってだめ。

普通の急行・特急を揺れないようにスピードアップして、のりごこちのよいものを時間をかけてつくるというのではなくて、これはもうだめだからといってやめてしまって、全く別に新幹線をつくっているのが日本の進歩の一番象徴的な姿である。この新幹線理論というのは非常に日本的なものである。週刊朝日に記事がのっていたが、ヨーロッパでは、普通の蒸気機関車で二五〇キロで走っている。そのとき蒸気機関車の運転手が、マイクで得意げに、どうだ全然揺れないだろうと。食堂その他も非常に快適だ。ところが日本の新幹線はどうだろう。コーヒーを五分くらいも飲まずにおいておくと、半分くらいこぼれてしまう。

いまあるものを少しずつ進歩させていくということではなくて、これはだめだからちがうものをもってくるというような、飛躍を求めるということのなかに、やはり、破滅への接近というものがある。たくさんの犠牲をだす。新幹線をつくれば東京まで二時間でいけるとか、一時間半でいけるとかというよい面もあるかもしれないが、その飛躍的な発展を求めるところに、意識して求める進歩の危険性があるのではないかと思う。

第二講

農地所有論

第一章　田畑をもつということ

一、農地の私有の意味

洋服や万年筆をもつ

農地をもっているということは、まるであたりまえのことのようであるが、実は上着や万年筆をもっていることとは意味がちがう。万年筆や上着はもって歩くこともできるし、だめになればこわれてしまう。家などはもって歩くことはできないが、こわしてなくすことはできるし、火事になれば燃えてきえてしまう。

また、金持ちになれば、万年筆やら上着やらどんどんよいものに買い替えたり、いくらでもたくさん買っていくことができる。つまり、デパートとか文房具屋に売っているわけで、金のある人間がどんどんそれを買いためたとしても、洋服を一着しかもっていない人間、一〇着もっている人間——貧富の差というのはそういうことであらわれるかもしれない。

しかし、土地をもつということと万年筆をもつということはどこかちがうわけだ。ちがうというのは、土地というものは、はずしてどこかにもっていくことも、なくしてしまうこともできない。また、もっと大事なことは、土地が有限であるということである。土地は買って広げることはできるが、そうすることは他人の持ち分を手に入れるということである。万年筆を買うということは、どんどん製造されたものを店から買ってくるのだから、それによって他人の持ち分が減るということはない。

土地そのものは地球の表面であって、ことに農地というのは耕すことのできるごく限られた面積で、ふつうの国ではもう耕せるところはだいたい耕してあって、いくらか開墾もできるところもあるかもしれないが、それにしても面積が限られている。つまり、土地というものは生産することができない。荒地を田んぼや畑につくりかえることはできても、土地そのものを製造することはできない。鉱山の権利のばあいは別かもしれないが、地下に穴を掘ってその下はオレの持ち分だというように二重に土地所有権が存在することは耕地のばあいはまずない。

そのつくることのできないものを何かの事情によって区切って、それをみなさんがもっているわけだ。あるいは宅地のばあいだってそうであるが……。

地球の表面

だから所有しているといっても、土地に関しては非常に不思議な所有である。つくづく考えてみると、なぜ土地というものを所有していてよいのだろうかと疑問になってさえくる。必ずしもそれは、社会主義とか国有論とかを考えるのではなくて、そういう意味でなしに、地球の表面を特定の人が線をひっぱって、これはおれのものだといっているわけだが、こういうことというのは一体ありうることなのかなあと思うことが私にはある。あまり考えすぎるとそういうことになってくる。土地の所有とは実に不思議なものだ。

しかし現代社会では、土地の私有というのは常識になっていて、だれも疑問をもたないのだから、それがおかしいといってみてもしようがない。おかしいかどうかということをいっているのではないが、とにかく人間が土地を所有しているというのは非常に不思議なことであるということはいえそうな気がする。

よくそれを洗ってみれば、土地をもっているということは何をもっていることを意味するだろうか。自分で掘じくって外にもっていけば単なる土にすぎないのであり、土地ではない。だから、掘ることは意味がないので、そこにやはり置いておかねばならない。そうすると、かこっておいて、そこに他人ははいってはいけないというものになる。

もう一つの不思議

土地とは自分が稲や麦を植えることはできるが、他人が植えることはできないという、一種の利用権である。ところがその土地を貸す人がいる。貸すということは、そこにあなたは米をつくってよいということだから、利用権・耕作権を与えるということである。土地を貸すということは耕作権を与えることである。そのばあい、法的には所有権は持ち主に残っているのだから、その下になる所有権というものはあって、そのうえに利用権が重なっていて、それを切り離すことができる。それが現代の理念であるから単に利用権ではなくて、その利用権を他人に貸してお金にすることができる。それは非常に不思議なものである。これがよいとかわるいとかいってもしようがないのであって、ある一定の社会的事情のもとにくれば、やはり、土地を私的にもっているということはおかしいな、ということになりうると思う。

二、田畑の値うち

荒地を田に

それから、米がとれるような田んぼになっているということはどういう意味をもっているだろうか。「豊度」ということばがある。どのくらい米がとれるか。水がかりがよいかわるいか——それによって、田んぼとしての土地の値うちが決まる。しかし、元の土地、田んぼにする前のただの土地というものは、荒れた土地であって、そこに米の種をまいたからといって、米がすぐに上手にできるわけではない。そこに労働を投下し、あるいは機械を使えば償却費もかかるだろう、そうやってただの荒地を稲のできる田にするという過程がある。稲をつくれる田になった、その田をみれば、「これは田んぼ」だということになるのだが、その田んぼの地価は草や木しか生えていないような荒地のうえに、労働・償却などの価値を投下した、その価値量の値うちと、その土地を占拠しているという値うちをプラスしたものである。占拠している値うちというのは、なかなか表現はしにくいが、それが広大な平野であちこちに余地があるならばそのために金をだす必要がないから、土地を占拠している値うち（これはおれのところだということのもっている値うち）は全く零になるかもしれず、単に荒地を耕作地にかえるときに要した価値量の値うちになる。

一〇万円投じて田んぼにしてあれば、それは一〇万円の地価になる。この耕作できるようにするための労働・価値の投下を土地への追加的投資といったりする（ふつう土地への投資というと、土地を買うためのことをいうから）。荒地でも草や木が生えていることからわかるように、人間が手を加える前から自然的な豊度をもっている。この自然的な豊度は、その土地を先取りしたもの（あるいは腕づくでとったものに帰属してしまう）。それに資本と労働を投下して土地への追加的投資を行なう。それにプラスすることの土地を占拠している値うち。

幌馬車に乗って

アメリカの西部劇で見たことがある。町の出口のところに棒をたてて、のぼりをはってゲートをつくって、ある朝午前五時というふうに決めておくと、その町に集まった人が幌馬車に家族やらいろいろな道具を積み込んで、そこにずっと並ぶ。そして、鉄砲でズドンと打つと、みなパーッと走りだしていって、あらかじめよく調べてあるわけだが、とにかく自分がほしいと思うところを先にとる。ほしいと思ってねらっている場所がちがうばあいもあるし、一致しているばあいもある。一致しているばあいは、先に行ったほうがとる。やはり水たまりがあって家畜に水をやる場所もあるし、麦をつくってもよくできそうだとか、開墾しやすそうだとか——そういうところを先に行ってとる。幌馬車の走りのわるいものは遅れて、少しわるいところをとる。自然的豊度のよしあしがある。

そして囲いをつくって、二〇〇ヘクタールなら二〇〇ヘクタールと前もって決まっている面積だけ、どんどんとっていく。だからそのとき、条件のよいところを占拠した人たちは、占拠したことだけでその土地の値うちというものは、より高いものである。

そこに今度は、五年、一〇年、二〇年、三〇年とかかって、しだいに追加的な投資、開墾その他の労働を通して、プラスアルファのほうをしだいに大きくして豊かな土地をつくっていく。そうやっていくうちにそれが私有権みたいなものになり、農地の価格になっていく。アメリカみたいなところでは、その典型的な過程がよくわかるだろうと思う。

もともとの豊度

土地というものは、もともともっていった自然的豊度というのは、先取りしたものあるいは腕づくでとったものに帰属し、それにプラスして投下して土地をより豊かにし、よりよい田んぼや畑にしたとかいう部分——これがわれわれがふつうに目に見ることのできる豊かな田畑で、こういうことになる。その部分というのはいわば価値なのである。土地というのは本来価値はない。土地は価値がないし、価値を生産するものではない。これは何かのとき、問題を考えるのに非常にむずかしくなったときに、元にもどって考えなおすときに、ちょっと思いだすと役に立つばあいがあると思う。

自然の営みで米ができる。できた米は価値があり、それは売ることができる。しかし、それは商品とするばあいの……その価値というものは、その土地に自分が働いて労働を投下する。それから他人の労働部分がある——トラクターをそこに償却するということは工場の労働者の労働、そのまた鉄をつくるための労働者の労働、そういうものがずうっと形をかえて、凝縮して、償却費としてはいってくる。あるいは農薬、肥料などもある。そういうものの価値が投下されて、実ったものはそれらの価値を背負ってでてくる。それは、土地そのものがうみだした価値ではなく、自分が働きそして投入した価値だということになる。

働きが土地にしみこむ

そのへんは、万年筆や上着と全然ちがうところで、万年筆や上着は土地と同じ私有物であっても、それ自体労働の価値のでき上がったものだし、さらに土地というものは地球の上の表面の一部分にすぎないもので、それは人が働いてつくったものではない。それが田んぼという形になると、労働という価値がそこにしみこみ、植え付けられている。そして、長年かかって、その投下された労働は償却していくだろう。たとえば、水利施設がだんだんくたびれてくるから、また手を入れて水路をなおさなければならないとか、いろんなことがあると思う。

三、近代国家の誕生と土地の私有

殿様と百姓

農地の私有とは何なのかということをもう少し考えてみることにする。土地の支配の仕方というのは、徳川時代みたいに領主が領有するというもの。そして、封建領主が領地を支配しているのに対して農民（百姓）が領主から土地を与えられる——その農民の持ち方を占有といっている。所有とはいわない。なぜ所有といわないかというと、処分権がないわけである。徳川時代でも、事実上、非公式に売ったりしているばあいはあるが、しかし、土地の売買は禁止。つまり、私有物ではないわけである。私有物ではなくて、領主が自分の土地を農民に与え、そこで働かせて年貢を納めさせるという、そういう条件をつけて、その土地を耕すべく義務づけたところの土地なわけである。そういう意味で、占有といっている。イギリスなどでは、そういう土地の持ち方を、「ホールド」(Hold 保つの意)といっている。所有することではない。

日本でいうと、明治維新によって徳川時代の封建的な領有制度がくずれて、私的な所有が法的に認められるようになる。ヨーロッパなどでは、日本の明治維新に当たるところでは、各地に農民革命というようなものがおきて、彼ら農民は鍬や鎌をもって領主・貴族の館に押しかけ、貴族の館を占拠した(日本でいうと宮城県の青葉城だとか、ああいうところを農民が占領してしまった)。そして城のなかにある農民の土地台帳、それから年貢を納めることを義務づけるいろいろな書類をひっぱりだして城の庭に山積みにして火をつけて燃やしてしまう。そのことによって、農民自身が自分の耕している土地の所有を宣言するわけである。そして、領主の所有を否定するわけだ。そのときは、領主と闘っているわけだから、領主を殺してしまうばあいもあるし、領主がどこかに逃げてしまっているばあいもあるし、さまざまである。概していえば、ヨーロッパでの農地の私有というのは、資本主義に移り変わっていく革命のころと前後して、農民自身が領主を打ち倒して自分の土地を自分のものにする。

それに当たるのが日本でいうと明治維新であるが、日本の明治維新の直前には、農民の領主に対する反抗とか農民一揆はたくさんあったが、農民自身の力で領主を打ち倒すのに成功したことはないわけである。

侍の不満と百姓の不満

これは強大な力をもった幕府というものがあったし、そこまでいかないうちに薩摩とか長州とか、いわゆる薩長土肥の、通称西南雄藩の中級下級の不平不満の士族たちが幕府を倒す運動をおこしていく。こういうことが、農民の不満の先にすすんでいく。侍たちは農民の不満というものを背景にしてはいるのだが（たとえば高杉晋作の率いる奇兵隊などというのは農民で組織されている。やはり、農民の不満で組織して闘いにたち上がらせるという面が多分にあった)、しかし、明治維新を達成するのは侍であって、やはり、百姓を切り捨て御免にしていた支配階級が明治維新政府をつくり上げたことには、かわりないのである。

そして、つくり上げた権力が、土地の所有者を上から決めるということになる。そのへんはヨーロッパの農民革命で、土地をまず自分たちでとって、いままで耕していた農民がその土地を自分のものにするという関係をつくり上げるというのとは全く逆の形で日本の近代社会はうまれたわけである。

こういうふうに、封建制度から資本主義の制度に移っていくときに、ヨーロッパなどでは、農地を所有しているということは、やはり重要なことなのだが、農地を借りて農業をやる借地農という方式がずっとでてくる。この借りるほうと貸すほうの社会的地位が対等ならば、正当な地代を支払うだけで農民は土地を借りられるわけである。

地主ダンナの家の掃除まで

ところが日本のように封建性が非常に強くて、強力な地主がたくさんいて、その地主は維新政府の保護をうけながらますます太っていくわけである。そういう地主と農民の関係はどういうものだったかというと、決して対等ではない。地主のうちから呼びだされればすぐにかけつけていってお手伝いしなければならないし、小作人は毎朝交代で地主の家に行って掃除しているとか、地主の山の仕事などは小作人が交代ででかけていって賃金をもらわずに働くとか、しかも、小作料は非常に高い。明治の初期で、これは額面の契約小作料であるが、六割、七割という小作料はいたるところにある。

地主と小作の関係をみると、対等な土地所有者と借地農の関係ではなくて、地主は旦那で偉く、小作農民はその下に従属しているという関係である。社会的な地位が低い。地主の旦那のいうことを聞かなければ、むらで暮していることもできない、というような関係があって、その地主の旦那の力というのは、国家とか役所とかが背景になっている。だから、あとになって、小作料をまけてくれと小作争議がおきると、地主の代わりにお巡りさんがでてくる。

四、明治の地主の増勢

選挙権のない小作農家

これに対して、いわゆる近代的な土地の貸借りというものは対等だから、たとえば、いまアパートの大家さんがサラリーマンに部屋を貸すときの関係と同じである。借り手に対して大家さんはえばっているかというとそうではない。対等の立場で印をおして契約する。むしろ、借り手が少ないときなどは貸し手のほうが〝どうもありがとうございました〟というようなことになる。近代的な関係だと借地に関してもそういうことになるわけである。それが、近代以前の関係がもちこまれてくるということになると、対等ではなくなる。それが、日本のばあい明治維新によって、維新は形のうえでは近代社会をつくったが、しかし、地主は旦那で小作人はそれの奴隷のようにはいつくばっていなければならないという関係——徳川時代の領主と農民のような関係がそのまま近代日本社会にもちこまれたわけである。

そういう形で、近代日本がうまれたということは、日本の農業の方向を大きく決めてしまったわけである。地主に高い地位を与えたというのには、いろいろな面があるが、たとえば——

明治二三年に第一回帝国議会が開かれるが、この国会議員の選挙は、地租一〇円以上納めている人でなければ、選挙権がないという、そういうことからはじまっている。いわゆる制限選挙である。地租というのが基準になるのだから面白い。土地を余計にもっている人が選挙権をもっている。ということは、政治に発言できるものは、土地持ちである。一〇円の地租がでる土地というのは、東と西とではだいぶちがうが、関西のほうでは一町歩くらい、東では三町歩くらいではないかと思う。それ以下の農民というのはたくさんいたが、そういう貧農の政治に対する発言権というのは全くないということでスタートしているわけである。

では、地主の土地所有というのはどうして決まったのかというと、これは、明治六年に地租改正というのがある。その前に、明治四年に廃藩置県がある。廃藩置県で、明治政府は各領主の領有権を全部なくした。それまでは、領主は明治になっても、年貢を農民からとりたてて、いままでどおりやっていたわけだ。だから、新しい明治維新政府は、明治四年までは天領-徳川のもっていた領土だけから年貢をとりたててやっていた。

納税者が土地を持つ

それを明治四年にくずして、それでは、それまで領主がとっていた年貢をどうしようかということになるが、明治維新政府は新しい国家財政をつくり上げなければならないので、それを新しい租税体系としてつくりかえるということになった。それが地租改正である。

それは、要するに租税の問題であるが、その租税を誰に納めさせるかということが、たいへんな議論になる。地租を納めるものは土地の所有者である、ということは、逆にいうと租税納入者を決めるということは土地所有者を決めるということである。日本のばあいそういう理屈である。租税を納める人として所有者を決めるということで、土地所有の決め方がここで検討され、明治四年ごろからはじまって明治六年にそれが決定される。だから、地租改正というのは単に租税のことではない。徳川時代には土地の私的所有というものはなかった。それでは、明治維新によって私的所有を決める法律があったかというと、これしかない。地租改正条例である。租税を納める——国の懐を決めるために——つまり大蔵省の観点から、一番都合のよい土地の所有者を決めていったわけである。こういうのを本末転倒という。

日本の重要な行政というのは結局財布を握っている大蔵省の都合や考え方で最終的には決まっている。

どこの国でも予算というものは大切だろうが、こんなに徹底的に財布を握っていて（都市のふつうの家庭ならば、女房が財布を握っているので、強いというのは仕方がないが）、財布の都合だけでものが決まる国というのは少ないだろうと思う。ところが、日本は明治のはじめからそうなんだ。農地の所有を決めるという、これほど重要な（当時日本は農業国だから）その国の社会制度や経済や民衆の生活すべての一番根底的なものを、単に租税だけの立場から、当時の大蔵卿によって決められた。明治国家の最初から、スタートのときから財政当局が政治と行政の主体になる。それがいまだにそうである。

地主制度というもの

こうやって決められた所有の仕方というのは何かというと、自作農はその農民が土地所有者になる。徳川時代にすでに小作農だったものは、そのままその地主に隷属する。推測では、そのころ農地のだいたい二六～二七パーセントが小作地になっていた。徳川時代に二六～二七パーセントが小作地になっていたというが、土地の売買が禁止されていたというのに本当に不思議だ。農民がとにかく借金をして土地を担保に入れて地主から土地を借りる。そして、名主・庄屋はその権利関係を認めるわけだ。結局それを領主も黙認する。公認はしないが事実上目をつぶっているということになる。

そういうふうになる理由は何かというと、農民に金を貸しつけて土地を取り上げていくというのは商人資本（質屋、高利貸、ふつうの肥料とか穀物の商人）なのであるが、そういう商人というのは徳川の領主に対して非常に強い力をもっているから、これをいかんといって弾圧することができない。そういうこともあって、地主的な土地所有というものが徳川の末にすでにあるていどできていた。それが、明治になってその地主の土地の私有を認めたということは地主制を法で認めたということ、公認したということである。徳川の時代には法では認めていなかった、黙認していた。だから、この地租改正というのは地主制の法認といわれる。ここから地主制というのは堂々と日の目をみることができるようになった。

五、明治の農民と農地

国家財政の九割を農民が

自作農たちは土地を与えられた。田畑を少しも借りない純粋な自作農というのは六割くらいあったと推測されている。そして、あと自作兼小作、そして純粋な小作農となる。

この土地を与えられた農民は地租をかけられる。その地租は、「旧年貢を下まわらざる事」になっていた。この地租改正でどういう税率が決まったかというと、明治六年に地租の一〇〇分の三となっ

第1表　年貢の率とそのゆき先（反当たり）

	公租諸掛並に穫米に対する割合	地主徳米並にその徳米に対する割合	耕作者取米（種籾肥料代を含む）並にその穫米に対する割合	穫　米
Ⅰ　班田法（西暦652～742年起点）基礎				
Ⅱ　荘園制（723年～）基礎				
1. 鎌倉府租法（1186年以後）	0.439石　44%		0.561石　56%	1.000石
Ⅲ　太閤検地（1582年起点）基礎				
2. 文禄田租法（1594年）	0.684石　67%		0.386石　33%	1.170
3. 貞享田租法（1686年）	0.645石　50%		0.645　50	1.290
4. 徳川末期の場合（1800年代前葉）	0.690石　37%	0.447石　24%	0.733　39	1.871
Ⅳ　地租改正（1873年）基礎				
5. 明治6年地租改正（1873年）	0.544石　34%	0.554石　34%	0.512石　32%	1.600
6. 同　18年（1885年）	0.270　16	0.700　42	0.680　42	1.650
7. 同　21年（1888年）	0.270　17	0.734　47	0.558　47	1.562
8. 同　31～35年平均（1898～1902年）	0.242　16	0.666　44	0.608　40	1.516
9. 同　36～40年平均（1903～1907年）	0.256　16	0.652　42	0.658　42	1.566
10. 同 41～大正元年平均(1908～1912年)	1.026石　55%		0.831　45	1.857
11. 大正5～9年平均（1916～1920年）	1.084　53		0.954　47	2.139
12. 昭和8～10年平均（1933～1935年）	0.126石　6%	0.892石　42%	1.107　52	2.125
13. 同　18年（1943年）	1.011石　49%		1.055　51	2.055

〔注〕 山田盛太郎「農地改革の歴史的意義」『戦後日本経済の問題』（有斐閣，昭24）140頁。

た。明治一〇年にそれが一〇〇分の二・五というふうに〇・五パーセント下がる。地価の一〇〇分の三という率を今日に換算してみるということはともかくとして、これがどのくらいの重さであったか。実はそれを政府が決めた根拠は、徳川時代の年貢と同じだけを地租で取り上げようというところにあったのだから、要するに百姓は明治になってもちっとも楽にならないことを最初に約束されてしまった。

その量がいかに大きなものであったかというと、明治の初期で日本の国家財政の、まず九割が地租なのである。農業国だといえばそうかもしれないが、しかし、日本の経済を支配する三井とか小野とかなどの巨大な商業資本、大小さまざまの商業資本、あるいは商業資本が支配している農村加工業もある。

それらに対する営業税とか所得税とか、そういうものが全くない。彼らからは全然とらないのだ。ほんのわずか雑税という妙なものがあるだけ。それは、船をもっていると税金がかかるとか、造石税《ぞうこく》（酒をつくるのに対してかかる税）とか、徳川時代に税という形ではないけれども、いくぶん何か取りたてたりしたようなものが残っているということで、要するに国税の大部分は地租である。

それから、初期には宅地にはほとんど地租がかかっていない。だから、地租が国家財政の九割を占めているということは、日本の近代国家をつくる費用を全部農民がはらっているということである。地主が土地をもっていて地主がはらっているんじゃないかというかもしれないが、地主は小作人から小作料をとってそれをはらうわけだから、自分で働いてはらっているわけではない。収穫の六〜七割を小作料として米で取り上げ、その半分くらいを地租として金ではらう。地主の手には一〜二割残る。要するに農民がはらっていたことにかわりはない。

保障された領主権

また領主をぶったおしたという形になっているが、じつはそうではない。フランス革命などではほんとうに領主をぶち殺したりぶったおしたりして放りだしたが、日本ではそういうことはしていない。おとなしく領主権を剝脱した。それも、巨額の支払いをして領主権を剝脱したのだ。年貢に比例して六分とか七分とかいう公債を与えている。一般の侍たちにも食うに困るからといって債権を与えている。秩禄債券などといって国債をただで与え、そのときから利息を毎年与えてやって侍たちが食えるようにした。侍たちが失職するのは気の毒だというのかもしれないが、上級の侍や大名たちは徳川時代の私生活分を保障するに充分な利息がつくだけ債券を与えている。

自分で自分に爵位を

だからこれは、領有権をただでぶんどった、ぶち倒したものではない。これは有償で領主権を買いとったようなものである。領主で路頭に迷ったものはいないのではないか。そこにもってきて、しばらくたってから、御承知の爵位というのを与えられる。公・侯・伯・子・男……。これは、その長男は未来永劫その地位を国家から保障されたものである。これは、明治の鹿鳴館《ろくめい》時代、毎晩毎晩東京でパーティーをやって……ああいう連中が、今日は誰それ子爵、今日は誰それ男爵、呼ばれたり呼んだり、そして、召使やら何やら、ホステスだのボーイだの、たくさんかかえていて、毎晩のようにそれをやっていても困らないくらいの爵位についている年金、そして公債の利息があった。そういう貴族の層というものをつくり上げたわけだ。中級、下級で明治維新をつくり上げた人々も、自分で爵位をとる。山県有朋公爵とか、伊藤博文公爵、大久保利通公爵……。だからどんなぜいたくでもしてくださいというような金を、全部農民が支払っていたわけだ。ほかに財源はないのだから。

そして、明治の産業というものがいよいよおきてくる。いわゆる官営工業である。最初国営で興したものを、ほとんどただに近い額で民間に払い下げる。たとえば、むこう二〇ヵ年賦の無利息とかなんとかで、非常に安い値段で払い下げる。事実上ただのような条件で、製糸・造船・セメント、製絨(ラシャをつくる工業・軍服中心)、こういうものを当時強力だった三井などの商業資本にどんどん払い下げていく。そういうことをしていって、それで日本の産業が興ってきたのだ。国内で徐々に興ってきたものが発展していくというのではない。

明治の農民と産業資本

たとえば、綿織物の工業にしても、日本の農民が機織《はたおり》でバッタンバッタンやってきた手工業がある。

ヨーロッパのばあいは、農家の人たちが織っていたものがだんだん集合して工場となり、それが、水力や蒸気でまわるようになるというふうに、機械で機を織るようになる。もとはといえば手で織っていたものである。日本のばあいはどうかというと、外国から輸入した既成の綿織物工業、紡績工業

――こういうふうに切り替えてしまった。つまり、新幹線方式である。古いものはだめだから新しいものにつくりかえてしまう。前のものを成長させるというのではない。こういう政策をとった。

日本はほかの先進資本主義国に対して、非常に遅れていたから、早く追いつかなければならないという意識が強くて、そのときからもうすでに進歩をいそぐというくせがついてしまった。それはそれで理由はわかるが、それによっておこされる犠牲というのは全部農民が背負わされる。そして、得た利益はみんな新しくできる工業資本や江戸時代から存続した商業資本に行ってしまう。そういうものは、営業税なしで、まるで濡れ手で粟。しかも、工場は国がつくってくれてただみたいにくれるわけだから、こんなうまい話はない。その利益の源泉というのは、私がここで改めていう必要のないくらいに惨憺たる生活をしながら、農民が支払ってきたものだ。この関係のうえに日本の巨大なる産業資本というのが成立してきたのだ。

だから、農民が土地の所有を与えられたということは、それだけでいえば結構なことだということになるが、それに代わって払わされた代償の大きさは、はかり知れないほど大きいわけである。

ふえる小作人

だから土地を与えられても、もちきれない農家の人がどんどんでてくる。米価は、明治六年の地租改正のころに、だいたい石当たり四円くらい。それが明治一三年の終わりごろには、一〇円になる。約二倍になる。農民はよかっただろうなあと思うかもしれないが、明治の六年から一四年までのあいだに、農民はどんどん没落していった。

なぜならば、米価が上がったからといって、米を売ってボロもうけできるほどたくさん米の販売量をもっている農家は、ほとんどなかったのだ。いくらか上昇の利益があったとしてもたかがしれている。それよりも、支払わなければならない租税の大きさに押しひしがれた状態——とてもそれでは救われない。八年間に約二倍になったからといって、農民がそんなに豊かになったということにはならない。

ところが、地主はどうかというとボロもうけ。地主ということになると、もう少しまとまった量の小作米が上がる。地租は金納で固定している。米価が上がったからといって、地租はふえない。地主は約七割の小作料をとる。反当一石とれる田なら七斗、そのうちの半分は地租として農民からとっていたわけだが、それは米でとっていたから、米価が倍に上がると小作料も倍になる。ところが地租は何円何銭と一定の水準に決まっている。この差額は地主のただどり。この間に地主のほうは、どんどん金をたくわえていくことができる。農民のほうは、米価が上がっても、租税の苦しみで土地を手放す。借金ができる——とにかく娘を売るとか、そういう苦しみの時代だから、娘を売るのは当然土地も何もなくなって売るものがなくなったときだから——。で、小作人にどんどんなっていく。貧乏な農民たちに、わずかの金を貸しつけて、担保にした土地をとり上げていく。

五升の米で田一反

米五升で田んぼ一反歩を担保にとったというような話も新潟などにはある。金をもらうというよりも、とにかく、食うものがなくなってしまったという農民に五升の米を貸し

第2表　地域別小作地率の変遷

	明治6年推定	明治16,17年	明治20年	明治25年	明治40年	大正5年
東北	14.6%	25.1%	29.9%	32.3%	39.8%	41.8%
関東	23.6	35.2	36.8	38.7	45.7	46.0
北陸	39.6	46.3	49.9	49.2	48.2	51.3
東山	31.1	36.5	40.7	41.6	46.6	47.4
東海	33.7	39.1	40.9	42.4	46.8	47.7
近畿	33.0	40.2	45.5	43.7	49.2	50.2
四国	41.0	41.9	44.0	42.6	44.3	40.7
山陽	23.9	34.3	38.9	40.9	46.5	42.2
山陰	42.7	47.9	51.9	51.5	54.1	53.8
九州	26.3	35.4	37.9	37.1	41.2	42.7
全府県	27.4	35.9	39.5	40.2	44.9	45.3

〔注〕古島敏雄『日本地主制史研究』による。

つける。そのまた五升の米を翌年も返せなくなった。そして、土地をとり上げたという話……。これは、話を半分にして聞いても、一斗にしても二斗にしても、そういう実態のなかで、地主勢力の拡大が急速に展開していったことを示している。一時私的所有を認められた農民も、ここで重い租税と地主の重圧によってどんどん没落をしていくということになっていく。やがて日本の農民の七割くらいまでが、何らかの形で小作人になっていく。自小作もあわせて七割。純粋の小作は一番多いときで四割くらいではないかと思う。

全耕地のなかの小作地率の変遷をみると、明治六年推定二七・四パーセント、一六年一七年になると三五・九そして、明治二〇年に約四〇パーセントになるというふうに小作地がどんどんふえている。この一六〜二〇年というのは、米価がまたひどく下がってしまう。明治二〇年では、石当たり五円くらいに下がってしまう。こういうように、米価が下がっているときにも結構小作地がふえているというのも面白い現象で——。たとえば、新潟県のことをくわしく調べてみると、農民の没落はいっそうはげしくなってくる。米価が下がるから、地主も困るはずだが、それはたしかで、没落する地主がたくさんでてくる。なかでも、在村地主の小さい人たちが困る。

遊びすぎの地主

地主さんたちというのは、少し豊かになると金使いの荒くなる人がたくさんいて、二〇～三〇町歩くらいの土地所有になると、町の遊郭に行って遊んだり、女郎屋の女郎全部を買ったといって得意になったり——ところが米は不作だ、米価は落ちるというので、一家離散してしまったような地主もたくさんある。では、そういう地主の手放した土地は、農民が買い取っているだろうか——買い取っているとしたら、また、自作農がふえてくるはずなのだが、そうはいかない。買い取る力がないわけだ。だから、そういう土地はもっと強力な地主のところにいっている。

東北各県の何百町歩という大きな地主をみると、こういう時期に、一人の家からまとめて一〇町歩、三〇町歩と一度に手にはいっているばあいがしばしばある。これは、農民の没落ではなくて、弱い地主の没落。あるいは失敗した地主の没落である。遊びすぎたとか、土地改良に金をつぎこみすぎたとか——いろいろあるが、たいてい悲劇がつきまとっている。没落して夜逃げした地主がずいぶんある。あるにもかかわらず、それは大きな地主に土地が集まっていく、農民のところには戻っていかない。農民も没落していく。

第3表　実納小作料率別村数（大正6～10年平均）　—新潟県—

区分＼小作料率	30～35%	35～40%	40～45%	45～50%	50～55%	55～60%	60～65%	65～70%	計
大地主地帯	1 (1)	4 (2)	25 (11)	49 (22)	92 (43)	25 (11)	16 (7)	6 (3)	218 (100)
地主地帯	— (0)	— (0)	8 (8)	13 (14)	38 (40)	21 (22)	11 (11)	5 (5)	96 (100)
山間地帯	2 (5)	3 (7)	12 (28)	11 (26)	14 (33)	1 (2)	— (0)	— (0)	43 (100)
計	3 (1)	7 (2)	45 (13)	73 (22)	144 (39)	47 (13)	27 (7)	11 (3)	355 (100)

（　）内は%
〔注〕古島敏雄，守田志郎『日本地主制史論』（東大出版会，昭和32年）210頁

六、大正の農民と農地

地主のソロバン

何か変化があるたびに小作地の割合はふえていって、大正四年には四五パーセント、それからも昭和の初期までふえつづけ、約五〇パーセントにまでなる。

その後、小作地の割合は少し減る。減る事情をかんたんにいうと、地主の後立てになっていた国の政策がだんだん弱くなっていって、産業資本に重点をおいていくようになる。そして小作争議が非常に盛んになる。小作の抵抗力が非常に強くなるものだから、地主は小作料を勝手に上げたりすることがしにくく、地主がだんだんやりにくくなってくる。このころに地主の〝土地売り逃げ〟ということがいわれるようになってくる。昭和のはじめのことである。これはどういうことかというと、国が勧業銀行（いまは第一銀行と合併してしまったが、昔は国の産業を振興させるための半官半民の銀行であった）、府県の農工銀行（後にそれにかわって産業組合中央金庫ができ、それがいまの農林中央金庫であ

る）というようなパイプを通じて資金を投じて、農民に地主の土地を買わせるということがおきてくる。これが自作農創設。そのことばを聞くと、ああ大変いいことをやっているなと思うかもしれないが、実は地主の経営の採算がだんだんあやしくなってくる面があるのだ。

明治の終わりごろには、経営は苦しいといっている地主に対して、いや苦しくないんだ、地主は遊んでもうけているんだというようなことを、産業資本の代表が議会で演説したりするようになって、地主に対する総攻撃を産業資本がしはじめる。そういうこともおきてくる。

それから米の値段も、もう上がらずに頭打ちになってくる。また、銀行が全国各地にできてきて、農村の貸付けの金利というものを押し下げていくから、地主たちが高利で農民に金を貸してもうけるという、そのうまみが非常に少なくなってくる。そして、農民の反抗は強くなってくる。その板ばさみのなかで地主層は、しだいに経営が苦しく（苦しいといっても赤字にはならないわけだが……）、やりにくくなってくる。こんな土地ならば売ってしまったほうがよいということになる。

朝鮮支配のかげで

売った資金を株式に投資したり、大きな地主は植民地地主として朝鮮の土地を買って、そこで改めて今度は朝鮮の農民から高い小作料をとってもうけるというような方向に転換する――こういう動きがでてくる。やがて植民地の土地会社ができたりして、これを盛んにすすめた。三菱なんかも、東山農事会社というのを朝鮮に設ける。実は、三菱は新潟県の平坦部に八〇〇町歩（多いときには一〇〇〇町歩）の田んぼをもっていた。明治二一年に買って、これを昭和三年か四

第4表　小作争議と労働争議

	小作争議		労働争議	
	件数	参加小作人数	件数	参加労働者数
大正 6	85			
7	256			
8	326			
9	408	34,605		
10	1,680	145,898		
11	1,570	125,750		
12	1,917	134,503	647	68,814
13	1,532	110,920	933	94,047
14	2,206	134,646	816	89,387
昭和 1	2,751	151,061	1,260	127,267
2	2,052	91,336	1,202	103,350
3	1,866	75,136	1,021	101,895
4	2,434	81,998	1,420	172,144
5	2,478	58,565	2,290	191,838
6	3,419	81,135	2,456	145,528
7	3,414	61,499	2,217	123,313
8	4,000	48,073	1,897	116,733
9	5,828	121,031	1,915	120,307
10	6,824	113,164	1,872	103,962
11	6,804	77,187	1,975	92,724
12	6,170	63,246	2,126	213,622
13	4,615	52,817	1,050	55,565
14	3,578	25,904		
15	3,165	38,614		
16	3,308	32,289		

〔注〕 大島清『農民運動の諸問題』

年に全部売りとばして、その資金だけではないが、とにかく朝鮮に広大な土地と設備をもって、東山農事会社という植民地会社をつくった。これは、朝鮮人を奴隷のように、ムチ打つようにして働かせて——またそれを下請けする朝鮮の地主たちがたくさんいるわけだ。これはまた日本の農民の働かせ方とは全然けたちがいの、奴隷のように酷使する。その後には植民地総督府とか、日本の軍隊というものがうしろにいるから、思うようにできる。あるいはまた三菱ではないが、東拓といって有名な、東洋拓殖会社というのがある。そういうものが植民地の農民支配に力を入れるようになっていく。そういうものが「どうだ、植民地の土地買わないか」と声をかける。じゃ日本で地主やるよりといって、土地を売って、そっちに資金を投じていった地主も多い。つまり、土地を売るといっても、安く農民に有利に売って自分は損するというようなものではなくて、よりよい稼ぎ口をみつけて地主が土地を売って資本を転化していくということでそのための勧銀を通じての政府の援助であったといえる。

七、昭和の農民と農地

兵隊と農民

しかし、昭和の一〇年代になると、日本の軍閥がおこってきて、ファシズムの時代になる。このファシズムの時代になるとまた地主がやられる。青年将校が主体になった二・二六事件（昭和一一年）で何をやったかというと、まず財閥をたたくこと。そして、財閥のかたをもっている内閣の大臣たちを、はじから機関銃やピストルで殺していく。テロをやるわけだ。二月二六日の雪の中で。そして、とった政権でもう一つ何をやるかといえば、わるいのは財閥と地主だと主張する——これは一見社会主義みたいだがそうではない。そうしてつくり上げたものは、資本の側では、いわゆる新興財閥。満州（いまの東北）にどんどん軍隊を進出させていって、巨大財閥をたたいて、新興財閥と青年将校というか、中堅グループとが結びついて、侵略戦争を積極的におこしていく。日本の兵隊はどうも弱い。どうしてかというと体力がないからだ。なぜ体力がないかというと、農民が貧乏だからだと。農民を貧乏にしているのは何か、地主制度である。だから、地主をたたけということで、地主に対する攻撃が非常に強くなっていく。

これは、戦争中の米の供出制度の時期でも、地主が小作米をとるが、それを政府が買い上げるときには、農民から買う値段よりも安いわけだ。その差がだんだん大きくなっていって、地主は第二次大戦の末期には相当苦しい思いをするくらいまで圧迫されていく。いろいろな形によって地主制というのは圧迫をうけるというふうになっていく。

そのなかで新興財閥がグッと伸びていくが、旧財閥も決してつぶれてはしまわないわけだ。

八、農地改革後の農民と農地

今度は第二次大戦が終わったときに、例のマッカーサー司令部の農民解放指令がでてくる。そして、農地改革が行なわれる。

農民の反抗が大正から昭和にかけてずっと強くて、地主制度を否定する「働く農民に土地を」という闘いがおこりはじめる。このころ、地主をたたく軍閥政権ができたが、同時に小作争議の農民運動のほうもたたく。これは、社会主義思想だから徹底的に弾圧する。つまり、農民運動という形で地主をたたくのではなく、軍閥が権力を握って、権力者として地主をたたくわけだ。

農民解放の神様

昭和の二〇年、二一年。農地改革が昭和二一年からやられてくる。連合国軍最高司令官マッカーサー元帥という名において、日本政府に命令がでる。とその中に、長く農民を奴隷的な状態においてきた小作制度を廃絶せよというのである。

もしも日本にファシズム的な軍閥政権がおきなかったとすれば、農民自身が自分で農地解放をやったという可能性は充分にあったといわれていた。そういう方向にむかって進行していたからである。しかし、それがやはり徹底的に弾圧されてしまった。そして、戦後マッカーサーが日本にきて、それをやるという、大変妙な現象がおこるわけである。地主制度をなくしてしまって、さて農民は——というと……やはり、権力の側がやったことというものは、ほんとうに最終的に農民を解放する道はつくらないということである。そういう道がつくられそうな気がした。日本の農業や農民はどれほどよくなることか！　一時マッカーサー司令部は農民解放の神様みたいなものに思われた。だが、資本の側にも強力な力を与えていく。

それから、農地改革を予定どおり進めていく過程では、農民運動というものを大いに推進し歓迎す

第5表　農地改革前後の自小作別農地面積

	実　数　（千町）			比　率　（%）		
	自作地	小作地	計	自作地	小作地	計
農地改革前（20.11.23）	2.787	2.368	5.156	54.1	45.9	100.0
農地改革後（25. 8. 1）	4.676	525	5.200	89.9	10.1	100.0

るような形をとったわけだ。ところが、農地改革がすすむ段階で、これが政治的な勢力になってきたら大変であるということで……それはやはりおさえていくという線がずっとでてきた。そして、強力に資本のほうに力を与えていく。

昔は地主、いまは……

結局農地改革というのは何をしたことになるのだろうか。地主制度をなくしたということをわるいとはいえない。しかし、地主制度をなくすということが、農民が主体的に成長できるような国の仕組みが全体としてできたことを意味するかというと、そうではなくて、地主という媒介的なものを取り除いて、今度は独占資本というものができている。すぐにはできないが、急速に復活していく。それと農民が、じかに触れ合うという関係……。戦前でも昭和のはじめから、日本の資本の独占化というのは非常に強くおこっているが、農民を搾っていたのは地主であった。今度それがなくなると、独占資本と農民が、直接に触れ合うということがそのあとに残っている。そういう形のものになってきているのである。

第二章　地　代

一、地代の理くつ

小作契約

地代というのは、もとはといえば借地料である。借地料とは何か。たとえば、物を借りれば借り賃を払う。金を借りれば利息がつく、家を借りれば家賃を払う。その家賃の計算のしかたがあると思う。償却費とか資本利子とか、家を建てている土地に支払っている借地料とか。借地料は別にして、家を借りたということで払っていくものは、その価値のへっていく分と資本利子という性質のものの合計でこれは価値計算できそうな性質のものである。

ところが土地というものは、償却しないものである。土地はへらない。へるものではないが、でき上がった田んぼとして貸していれば……田んぼが消耗するということがあるかもしれない。しかし、ふつう田んぼでも畑でも貸し借りするときには、たとえば小作契約などでも、その土地の現状を維持するということが借り手の借りる条件である。小作契約のなかには非常に細かくいろいろなことが書いてある。たとえば、小作地のなかに立ち木が生えている。それをそこなわないとか。隣りの人が畦畔をだんだんこっちに押しよせてきて、面積が狭くなるようなことは絶対にないように頑張りますとか、水路をこわさないとか——つまり、田んぼとしての値うちが下がらないようにするという約束だから、その分の償却費というのは地主がとる権利はないわけだ。

そうすると価値計算としてできそうなものは、本当は地代にはないみたいにみえる。しかし、借地料はやはり請求される。それは一つは、土地を占拠していることに対する支払いである。経済学では、これを絶対地代という。もっているというだけの理由で支払えという。いやなら貸さないといわれるとしかたがない。

もう一つは、この田んぼよりも余計に米がとれる田んぼだということがある。それから、この田んぼよりも町に近い、だからつくった米の運送費がそれだけ安くあがるとか、そういう田んぼのもっている立地条件の差の部分——ここからでてくる地代がある。これを差額地代という。あっちの田よりこっちの田んぼのほうが有利だというばあい、どのくらい有利かということをはかって、その分だけ地代としてとる。差額地代にもいろいろな形態があるが、今回はそういうことを抜きにして考えたい。

純粋の理論では

借り手が支払う地代は、利潤の一部分である。隣りの田んぼよりもよい田んぼを借りていれば、同じ資本を投下してもより高い収穫＝利潤を得られる。その余計な分だけは純粋理論的には全部差額地代としてとられる。いやなら貸さない。要するに、よい田んぼを借りたからといって、借りた人の手元によりたくさんの利潤が残るということはない。わるい田んぼを借りたのと同じである。

現状においては、土地の貸借はあまりないし、それ以前の地主制度でいうと、対等な関係でこういう地代があったのではなくて、重い小作料（利潤の一部などというものではない。利潤全体である。したがって、このような地代論など成立しない）である。それからみるとこんな理論は意味がないようにみえるかもしれないが……。

たとえば、日本という国で、いろんなものに一〇〇万円を投下してみる。だいたいの利潤率がたとえば一〇パーセントだとする。そうすると、一〇〇万円もっている人は工場に投資するか、農業に投資するか、あれにするかこれにするか考えて、農業に投資するとする。そこで一〇パーセントの利潤が、つまり一年間一〇〇万円に対して一〇万円が保障されればよい。この一〇パーセントを、地主が地代をたくさんとることによって九パーセントに落とすようなことになれば、資本はそこから逃げてしまう。工場のほうがよいということになるから、一〇パーセントは保障する。その一〇パーセント以上の利益が上がった部分から地代をとりたてる。これが資本主義社会の地代の基本の原理になる。それでなければ、資本は農業からどんどん逃げていく。

日本のふつうの農業で考えれば、割が合う合わないということが、かんたんに農業をやめてよそにいくということはないが、資本主義社会で、理くつで考えればそういうふうなものになる。日本の地主制のようなばあいには、これを地主の旦那がえばりくさって全部取り上げてしまう。小作人の利潤などということは認めない。

利潤というのは、資本蓄積の源泉である。企業でも利潤の一部を蓄積して、さらに資本を、企業を拡大していく。農業だってそういうわけで、資本が蓄積できるという条件が必要なわけである。

利潤と地代

この社会的に平均的な利潤に、どのくらい地代が食いこんでいるかという度合によって、この地代のとり方が封建的であるとかないとか——というふうないい方をする。だいたい封建的地代の原理というものは、利潤の成立を許さないということである。封建領主とか地主の力がしだいに弱まってくると、利潤が農民の側に成立する。そもそも封建制度のもとでは、利潤という概念がないわけである。それが、封建的経済である。しかし、農民や農村工業をやっている村の人たちというのは、それでも地主に対して対抗しながら、だんだんに自分の利潤というものをつくりだしていく。つまり、もうかる農業にということだ。だんだん金が蓄積されてくると、そういう人たちが農村工業の工場をつくったり、それがもとになって農村に資本主義的な経営というものができ、封建的領主と闘うのである。それが原動力になって資本主義革命、ブルジョア革命につながっていく。その利潤の成立を徹底的に許さない状況というのが、日本ではずっと続くわけである。

二、地代の中世と近世

領主の力は徳川時代でも、中期から後期になると、力が弱まってくる。だから徹底的に全部を農民から取り上げるということはできないような力になるのだが、そこに日本のばあいには、地主制度、あるいは商人が横からはいってきて、横取りしてしまうわけだ。だから、依然として農民の手元には残らない。「百姓は生かさず殺さず」といった具合にとれるだけとりたてるのだから、封建時代に地主制度が成立するというのはおかしいのである。地主が横あいから小作料をとる余裕は本当はないはずである。

地主と領主

徳川時代に、地主制ができてきたというのは、生産力が上がったためである。はじめは七斗しかとれなかった田んぼから、長い時間かけて一石とれるようになった。領主は、その伸びた三斗全部をとることができないわけである。

「お取箇」は五箇

なぜならば、中世の荘園制のもと、徳川以前ではとりたてることができる分は全部年貢としてとっていたのだが、徳川時代になってからは（これは秀吉がつくった制度であるが）、年貢を「何割」というように率で決めるようになった。御承知のように「五公五民」とか「七公三民」とかいうやり方である。「公」とは領主側のことで、領主が五の割で年貢としてとり、残りの五が農民ということ。これは一方的に領主がとるわけだが、これを歴史のことばで「お取箇《とりか》」

といっている。ちょっと古い村では「五箇《こ》」などということばがよく使われているが、これは五割という意味である。この年貢の率は、はじめは非常に重いのであるが、反収七斗のときは五割といえば三斗五升、ところが、農民が努力して一石にしたとすると、年貢は五斗になる。農民の手元に残るのも五斗。七斗しかとれなかったときは三斗五升しか残らなかったが、反当一石とれるようになると五斗手元に残るから、一斗五升プラスになったことになる。

このお取箇という制度、いわゆる何割という年貢率を決めることは秀吉のときから全国的になされるようになったが、これを決めるということは一種の契約の制度である。契約といっても上からの押しつけではあるが……農民の発言権は全然ない。しかし、お取箇五箇というふうに決めてしまったら、それから三〇年も四〇年もかかって、反収が一石になったときに、領主は、この五箇というのに逆にしばられてしまって、五割以上とれない。農民に自分のほうから約束してしまったのだから。どんなに生産力が伸びていっても、五箇のばあいは伸びた分の半分しか領主はとれない。鎌倉時代のような中世なら、三斗ふえればそのふえた分を全部とってしまった。だから農民側にはいつまでたっても残らない。それが中世と近世の大きなちがいである。

自分で耕さずにふやす

ヨーロッパなどでは、農民自身の資本蓄積の余裕ができてくるわけである。それが、資本主義革命、ブルジョア革命の原動力になる。日本のばあいは、それが、少し農地をもって大きくなれば、二町三町の人が少し努力したり、近所や親戚にお金を貸して五町六町と、だんだんふえてくる。やがて一〇町歩になったというとどうするか。そのくらいになってきていまのような関係なら、農民として資本の蓄積ができるわけだが、そういう蓄積のしかたをしない。自分で耕さず、前から耕していた人にそのまま耕させて、そこから六割、七割という小作料をとったほうが楽だ、そのほうがよいという方向になってきた。だから、どんなに土地をもっても、一〇〇町歩の経営面積ができるかというと、できないのである。これは実に不思議である。理くつはいろいろ考えられるが、事実として不思議である。

三、貴族大名と百姓

ヨーロッパの連中というのは、どういうわけか、土地を拡大すると、封建制度のなかでも大農場をどんどんつくっていく。日本のばあいは、商人や農民が土地を拡大しても、もとの農民にそれを貸付けておいて小作料でとる。そして、自分の農業をどんどんへらしていく。明治でもそうである。そして家の構えも、農家のような構えをやめてしまう。大名屋敷みたいな構えにつくってしまう。服装も農民のような服装をしないで、おれはもう百姓じゃないというような顔をしている。どういうわけか、日本では、百姓からはなれることが農家の人たちの最大の願望であるらしい。

たとえば、大きな五〇〇町歩くらいの地主になると、小さな城みたいな構えをして、門をはいって玄関まで曲がりくねった道でいくような造りにしてある。その構えは、結局領主のような生活、農民であることからはなれる。農業をいやしむという感じが強い。

農奴イワンの娘

たとえば、ロシアとかフランスの領主たちが農民を大事にしたとはちっとも思わないが……ロシア文学で、ドストエフスキーの何とかという小説……よくロシアの貴族——日本でいうと領主にあたるものであるが、これがよくでてくる。そうすると近所の貴族の奥さんたちが茶飲み話をしているようなときにうちの農奴の誰それが、こないだ放牧のことで不平をいってきたとか、あるいは農奴イワンの娘と誰それがかけおちしたとか、そんなふうな、一見貴族の主婦たち、大名の奥方としては非常にはしたなく聞こえるような場面がでてくる。

日本の大名の奥方がはたして百姓の名前を一人だって知っているだろうか——顔をみて。ロシアの貴族が農民を決して大事にしているというわけではないが、ちょっとそこがちがう。

フランスの文豪バルザックの「農民」という小説。やはり貴族の長男が自分の農場をもっている。それが、狩かなんかで知り合った隣りの貴族の一人娘と恋をしちゃって自分の館に呼んでくる。呼んできて、自慢してみせるものは何かというと自分の農場である。二頭だての馬車を自分で動かしながら農場にでてみせて歩きながら、あの百姓はジャンといって、あれはなまけ者でだめだとか、「ジャガイモのできはどうだ」とかいって農民に声をかける。そうすると農民は「旦那、今年はわるくはございません」と答える。そして、ポカポカ日照りのよいところを、非常にロマンチックに案内してあるく。自分は感覚的には領主でありながら、農場主なのである。

そんなことを日本の大名の息子が、どこかよその大名の娘と恋をするということ自体ないだろうが、城につれてきたときに、田んぼに案内するといったら、いっぺんにふられてしまう。農民を大事にしていたということではないのだが、どういうわけか、外国の小説には貴族と農民、それから農場の人たちというのがたくさんでてくる。そうしながら、やはり農民を収奪しているのだ。

ラインのブドウ酒男爵

ヨーロッパで変革がおきると、そういう貴族は、自分の地位を失ったばあいに、農業資本家にかんたんになっている。そういうばあいがたくさんある。ドイツなどでもずいぶんある。

ドイツでいま、ライン河流域のすばらしいブドウ酒つくりをしている人が、もと男爵だったとか、領主だったものが、一部分の領地を残されて、そこでブドウ園を経営して、自慢のブドウ酒飲んでいけとか、そういうことをいっている。日本のばあいだと、偉くなる、金持ちになるということは、農業から少しでも離れるということである。

東京大学をでて農林省に就職を希望するというのは、農学部出身では少ない。農学部以外の、経済学部、法学部出身者のほうが、農林省の人として希望していく傾向がある。農学部出身の人、そうでなくても農村出身の人たちというのは農林省に勤めたがらない。現在もそうだ。

それは、その親からしても、せっかく大学までだしてやったのにまだ百姓のこと——つまり、せっかく出世するんだから農業とは縁を切ってほしい。そのいやしき農のことを、何も大学をでてまでやることはないという感覚があるんだ、という説明をする人がいる。

ある農業高校の校長先生が自慢していうには、「私のところの卒業生は一流の企業からひっぱりだこだ」、農業以外のところに就職しているということを自慢している。農業高校の先生が農業以外に就職することを自慢するという感覚のなかには——その人はいっしょうけんめい農業のことを指導している人だとは思うが——勉強のできるやつは、農外にだそう。そういう感覚が骨のずい、真底あるみたいである。

「士農工商」のウソ

これは、私だってそうかもしれない。本人の気のつかないようなかたちで、日本民族のなかに根底的に農業をいやしむ感覚があるのではないか。「士農工商のウソ」とは実はそういうことである。侍のつぎには百姓が偉いんだということは、ウソだからこそ、そういうことを強調してきたのだと思う。

日本で地主制がこれだけ、ああいう形で伸びて……地主になったら決して経営を拡大しないで、むしろ経営のほうは縮小していく。そして、大きな地主になれば、屋敷にはいっても納屋みたいなものは全然みえないようにする。地主であれば、納屋とか倉庫——農業関係の施設というものはどうしてもあるていど必要だろう。だが、そういうものは見えないように、きれいな垣根のむこう側にある。そこをあけてむこう側をみると、若干の作業場があったりする。外からきた人に「農」の字をみせたくないという気持ち——これは実に共通して強い。大きくなればなるほど。

それは、いやしいと思うからそうしているのか、もっと別の経済的な理由があるのか、いろいろ説明のしかたはあるだろう。いやしいと思うか思わないかだけでは説明していないとは思うが……。

中学だか小学校の先生が、「お前、勉強しないと百姓にしてしまうゾ」ということばがある。そういうことばが自然にでてきてしまう——それは少し昔の話であるが、戦前の中学校の先生の口振りである。

耕す大きさと水田だということと

地主制が日本のように成長してきて、資本主義的な規模の農業経営ができてこなかった。それは、結果として今日のような小農制というものを残していったと思うが……大規模経営が全然できなかった。田んぼだからそれはつくり切れなかったとかいうような説明もあるし、そういう面ももちろんあるのだろうと思う。しかし、それはたとえば、徳川時代の農書で、『民間省要』という本があって、農地の経営は関東地方で三町歩以上はもち切れないというようなことを説明しているものもあったりするから、経営規模の拡大そのものに技術的な、労力的な限界があるということも考えられないでもない。

しかしそれは、ヨーロッパの畑作でいえば、二〇町歩に当たるか、三〇町歩に当たるかしれない。だがとにかく彼らのほうは、規模を一層拡大していくことのできるような農具をつくりだしていくわけだ。日本の田んぼというものが、規模拡大に対して絶対的な制約なのだろうか。これは、私も自信をもっていえないところである。

少なくとも明治にはいってからは、高い高い小作料を明治政府が地主に保証したということで、そうなれば、やはりよほど農業の好きな人でなければ、苦労して農業をやることはない。東北では、一〇町歩もっていれば、フトコロ手して遊んで暮せるというくらいの高い小作料がとれたわけだから、むりをして手づくりする必要はない。高い小作料が地主の社会的な地位の高さを保証している。これは決して、対等な、利潤から生んでくるような地代の高さではないのだから、地主の高い地位と小農民の圧倒的に低い地位というものが、そこで固定された。制度的にも社会慣習にしても、教育のうえでも……何のうえでも。

貧農は軍隊に行っても将校にはなれない。軍隊のなかほど平等なところはなかったとよくいわれているが、とんでもない話で、それは、なかの一定の階級相互間では平等かもしれない。しかし、自分のお父さんがどんなに努力しても上等兵以上にあがれないのをよく調べてみたら、自分の家が貧農だったからということがわかったというふうな小説がある。やはり、小農というものの社会的地位を最低のところに位置づける。あらゆる体制のなかで、農民というものをそういうふうな敷き石としてしまうような慣習がつくり上げられたということではないか。

小農のあるままに

その点はヨーロッパの貴族や商人とか何とかというのは、農民を収奪したり、殺すときには勝手に殺す。都合のわるいときには、畑からどんどん追いだして路頭にまよわしたり、その連中が食えないばっかりに工場地帯に行って安い労働力で働く——それがイギリスの産業資本をおこしていったのだから……。そういう残虐さはいくらでもある。だが、追いだしておいて彼が自分で農業をやるというところに、なにか不思議なちがいがあるので、決して彼らのほうが人情が厚かったとか――そういうことをいっているわけではない。

そのどこかでの分かれ道があって、それはもっと広くいえばあるいは何か東洋的なものであるかもしれない。

そして、今日存在している小農的な形態というものは、小農の状態のままで、ある解放状態ができたということなのだろう。その小農というものをどう考えるかというのは、先の課題になると思う。

特論　土地の私的所有

一、はじめに思うこと

おかしなことば「土地所有」

これは私の感想なのですけど、田とか畑とか宅地とか山とか、いずれにしても土地というものを「もつ」とは、いったいどういうことなのだろうか、ということを、私たちは、ときどき、深く深く考えてみるのも良いことなのではないかと思う。こんなことをいうと農家のみなさんにおこられるかもしれないのだが、土地を所有しているというのは、おかしなことだなと思う。もっとはっきりいうならば、土地というものは「もつ」とか「所有」するとかいうものではないのではないか。

私がときどきいうように、土地というものは、地球の一ばん外がわの、うわっつらのことなので、これは地球の上にもう一つつくるとか、あと百枚つくるとかするわけにはいかないわけですね。ただし、工業をやっている人だとか都会に長く住んでいる人には、そういう実感は、あまりなくなってきている。大きなビルの工場をつくったり、何十階建の高層アパートに暮していると、地球の表面は一枚だという実感はもてなくなる。なにしろ、一枚の地球の表面の上に、何人も何十人もが重なって寝起きしているから。

太陽のあたるところ

そうなれば、地球の表面は何枚にでも使える、といいたくもなる。それはそれで良いわけなので、都会というものは人が折り重なって暮さなくてはならないところなのだから仕方がない。

地球の表面が一枚しかないということが、人々の生活に本当に意味をもつのは農村でのことかもしれない。

そのことを、私はこういうふうに考えている。

太陽の光が地球にあたる、そこが地球の表面ですと。もちろん、そこに建物を建てたりすれば、もう陽はあたらないのである。

二、もつことのできないもの

良い悪いではなく

こういうふうにいうと、土地をもっていることが良いとか悪いとかを問題にしているように思われるでしょうね。そして、たぶん私のこれまでの口調《くちょう》からすれば、土地をもつのは悪いことだと私がいおうとしているのだと思われるのではないだろうか。残念ながら、そうではない。では、土地をもつのが良いことなのだといいたいのか、というと、そういうわけでもない。

ここは間違いなく正確にうけとめてほしいところ。もちろん、いまここにいる農家のあなたがたが、正しいと思うかどうか、賛成するかどうかは、みなさん次第ですよ。そこで、申しましょう。土地というものは、人がもつものではないのだ、ということ、それだけである。もうすこし強めていいましょうか。土地というものは、人がもつことのできないもの――こういうわけです。

土は物体だが〝土地〟は

ところで、いま「もの」といったが、これを漢字で「物」とは書きたくない。「物」と書くと物体の感じがして間違いのもとになる。土は物体です。スコップで畑からすくいあげて外に持ちだした土は物体ですし、高校野球で負けたチームの選手が甲子園から、袋に入れて帰ってくるあの球場の砂は、これも物体ですね。そういうふうに、土地からとりだした土は物体なのだが、それでいて土地は物体ではない。土地には場所という空間的な要素がある。この田んぼあの畑、どこそこの飛行場というふうにである。そして時間の要素もある。今日・明日・あさって、そして一億年前のこの土地……、つまりときの刻《きざ》みとともに土地はある。一億年前のここは海の底であったり熔岩の山であったりしたでしょう。つまり、いま、土の状態になっているこの土地というものは、場所でもあり時でもあるわけで、それを時計や万年筆のように物体だといったり商品であるように思ったりするのは、もともとおかしいことだ。ですから、土地は、これこれの「物」だと漢字で書きたくないのである。

ところで、こういう土地が、まるで商品のように思われているわけなので、なぜそうなってしまったのかということと、それがどういう意味を持っているのかということとを、よく考えてみたくなってくるわけである。

三、「所有」「土地の商品化」

耕していたがゆえに

もともと、田とか畑とかいうものは、耕している人のものなので、あの畑はいつ買ったとか、この田はオヤジの代に買ったとかいろいろあることだが、そういうふうにふえたりへったりしたのはともかくとして、一体、はじめにうちの祖先が百姓をはじめたときに、なんでこの畑あの田はうちのものということになったのだろうかを思えば、要するに耕していたから、というだけのことなのだと思うのです。

耕していたといっても、それは山を拓《ひら》いたり湿地に土を運びこんだりの苦労のあげくのことだから、めったなことではそこからはなれるものではない。農家の人が耕地に執着しているなどよくいうが、あれは農家の人の耕地への所有欲の強さをいいあらわそうとすることばである。私は、そういういいかたは間違っていると思う。所有欲ではなくて、自分の家が拓き耕してきた田畑からは離れない、というのが農家と土地との関係なのだと思う。こういうことについては一度はお話ししたように思うが、もう一度はっきりさせておきたいわけである。

明治になっていつのまにか

殿様や地頭、悪代官や地主、時代によっていろいろと耕す百姓を上から無理難題をふきかけ、せっかくとれた米も思い切り持っていってしまう連中がいたわけで、それはどの時代でも民衆の苦しみの種だったわけだ。しかし、だれが百姓の上にあらわれても、畑や田はしょせん百姓のものであり、ときどき例外はあったとしても、だいたいにおいて、農家がその畑や田を耕す関係をたち切られることはなかった。支配者にそれができなかったのか、それともやらないほうが得だったのか、どちらともいえるわけで、これは事情によってさまざまだったわけである。

「のもの」ということばがまたでてきたが、現代に暮しているものからすれば、「のもの」といえばそれは所有といいかえてよいということになる。もっと形をつければ「私的所有」ということになる。

ところで、農家の人は、徳川時代が終わって明治の時代になっても、それまでとおなじように、その自分のものなる畑や田を耕しつづけているわけで、年貢米を納めることが地租にかわったとか、そのほかいろいろのことがかわるので、農家の人の生活にもそれがいろいろに影響を与えはするが、自分の田を耕すという点にかわりはない。

それなのに、明治からあとになると、いつのまにか田や畑を「私的所有物」というふうに考えるようになってしまったのである。

畑や田を商品のように

「これは誰の畑ですか」

「昔から一郎さんの家で耕してるんだから一郎さんの畑だ」

それだけのことであるはずなのに、明治になって、つまり近代の時代になると、そうはいかなくなる。耕しているという農家と畑の関係とは別に、所有しているという関係を考えなければならなくなってしまった。それを所有権というわけである。所有権ということばがでてくると、それに対して耕作権ということばがでてくる。そして、所有権と耕作権と、この二つのことばを上手に使いわけて器用に説明したりすると、学者か役人みたいな具合になる。

そして、みんながそういうふうに考えるようになるものだから、私的所有とか所有権とかいって、田や畑を商品のように考えてしまうことになる。それだけではない。耕作権ということばで、もう一つ別な商品をいいあらわすことになってしまうのである。

四、土地の権利への疑問

失うことのできる権利

こんなことをいえば、みなさんはびっくりするかもしれないが、耕作権といわれれば耕す権利を守ってくれることのように感じられるが、本当は逆ですね。

たとえば、人権という権利がある。同じ「権」の字でも、これと耕作権の権とはちがうようである。耕作権ということばは、農家の人たちがその田畑を耕す関係を商品につくりかえてしまったことをいうわけである。

権利といえば、自分を守ってくれることだと感激して、それをとりきめた法律や制度に感謝の気持ちがいっぱいになりそうだが、実際は、耕作権という商品ができあがると、耕す関係というものが商品になってしまうから、つまり、お金の力で持っていかれる可能性が充分にあるということになるわけで、金次第ということになる。守ってくれる、などというよりは、先祖から長くつづいてきた「耕す関係」を失うことができる権利というわけなのですね。

西ヨーロッパが育てた近代主義を借りてきて

田畑の所有権という権利も同じである。

土地の私的所有という概念は西ヨーロッパの近代社会がつくられていく過程で形成してきたものである。ヨーロッパの農民たちも、それを、いっとき自分たちの権利が強まったこととしてよろこんだのだが、それが土地を失う権利でもあるということに気がついたときは、もうおそかったわけである。

ヨーロッパの歴史が育てた近代主義を自分のものにひとりじめにして資本主義の社会にしてしまった「資本」という怪物にとって、土地の私的所有ということは一番都合がよかったのですね。

そうやってつくられたヨーロッパの制度や法律をそっくりそのまま日本に借りてきて、田や畑を私的に所有するという考えをむりやりにつくりあげてしまったわけである。つまり、日本でも、農家が、その耕している田や畑を、お金の力で失うことのできる権利を制度で決めてしまった。日本は西ヨーロッパとはちがって、こういう権利が自然に考えだされる風土ではなかっただけに、これには非常なむりがあったのだと、私は思う。

しかし、考えてもみて下さい。資本主義社会での資本というものにとって、自分が自由にしうるものはお金と商品なのである。田畑にたいする農家の関係を、お金にかえることができるようになるということは、農家の人たちにとってありがたいことのように思えるかもしれないが、資本にとって、それは、もっとありがたいことであるにちがいない。

二千年のなかの百年ではあるが

この日本という島のつらなりで、すでに二千年ほどをへてきている土を耕し暮すという人間の生活の長い歴史のなかでの、最近の百年のあいだ、それは歴史のなかではほんのわずかな期間にすぎないが、その百年のあいだにおこった、土地という、地球の表面の一部分についておこった考え方のゆがみである。地球の表面である土地を物体とし商品とすることで自由にしようとする資本のものの考え方にのせられてのゆがみの百年である。

二千年のなかの百年は短いともいえましょう。そして、資本がいまのように社会を支配する関係が、いつどうなるかを予測することはできない。たぶん、あと百年とはもつまいと思う。だから、長いことだとはいえないともいえましょう。そして、おそらくもっと短いにちがいない。

しかし、私も、そしてここにいる人いない人、農家の人たちは、いま現在日々に生きている。与えられたような見せかけの権利に酔っていると大切なもの、すなわち耕す関係というものを失うことになるということを認識することだけで、この眩惑からのがれられるのだとしたら、農家の人だけがもっているその立場を大切にしたほうが良いのではないかと思う。

第三講

商業資本と農家

第一章　巨大商人の成り立ちと農民

一、豊臣秀吉の時代

商業資本が前面に

日本では、商業資本が経済のリーダーとして、ずっと、徳川時代も明治時代もそうだし、見ようによってはいまでもそうであるが、非常に強力な力というか、地位を占めている。これは、ほかの欧米の資本主義国にはみられない現象である。

商業資本が柱になって経済のいろいろな方向が決まっていって、それが政治を動かしていく。ただ、昭和にはいり、第二次大戦後ということになると、商業資本という形で前面にでてくるという傾向がずっと変わってきて、やはりものをつくる産業資本（鉱工業など）のほうの発言が強くなっている。しかし、三井とか三菱とか、これらはご承知のように、商業資本として発達してきた。ことに三井はその代表であるが、徳川時代からずっとやってきた。三菱は明治にはいってからできたものであるが、これも、ものをつくる産業資本としておこってきたものではなく、やはり、商業からでてきている。——これは、日本の経済の特徴、もちろん農業に対しても重要な影響を与えてきているように思う。

どうして商業資本がそんなに強力にでてきたのか、そのでてくる仕組み、必然性を歴史的にみておきたい。

武田信玄の部下

〝刀狩り〟がある。ちゃんとしたことばでいうと兵農分離。これを一番きちんとやったのは秀吉である。

刀狩りをやる以前（つまり秀吉以前＝中世）は、兵隊と農民は同じである。ふだんは田や畑を耕している。そうすると、一つの郡、あるいはむらというものを支配している郷士みたいなのがいる。その上に○○の荘という荘園の領主がいる。それがほかの荘園の領主と戦争をする。たとえば、武田信玄と上杉謙信が戦争をするということになると、領主は部下に、それ戦争だ！という。むらにいるその豪族の親玉がドラをたたき馬にのって、むらをひとまわりする。そうすると耕していた農民は鍬を捨ててそのままそのあとについていく。あるいは、大急ぎで鍬をうちにもって帰って、うちにある竹槍かなにかをもって、馬のあとについていく。その豪族の頭目がむらのなかを走り終わるとうしろにちゃんと一個小隊くらいの兵士がついている。みんな、はだしだとか、わらじをはいているとか——さまざまの格好の兵士——農民であり、同時に軍隊。それが上杉謙信と武田信玄とかの兵隊になるわけで、テレビ映画で見るような、鎧甲冑をつけているのは、館のあたりに専門の侍として暮している ごくわずかのものである。兵隊と農民は一緒であった。

この兵隊と農民を分離しなければだめだ。というのは秀吉はこういうことを知ったからである。いまのようなやり方をすると、戦争があるたびに百姓が農業をすてでていく。中世までの経済というのは、いわば略奪の経済である。自分の領地で米がちゃんととれていなければ、よそに行って戦争をしかけて、そこのものを取ってくればよかった。そういう感覚で、自分の支配地の経済を考えている。これは即ち略奪の経済である。

秀吉はそこで考えた。そんなことをしているのでは、政権は安定しないと。結局、絶えず強いものが弱いものを支配していく。自分は明日また隣りから攻められるかもしれない。秀吉というのは、日本全体を支配しようという意識をはっきりもっているから、織田信長の段階で、すでにそういう方向を打ちだしていたが、それを具体的に制度的にどう固めていくかということを、秀吉が考えてやり上げていったわけである。

直系血族と傍系血族

そこで大事なのは、農民には土地を与えること。そして、土地を与えたなら、その上に支配者をおかない——領主の下には農民しかいないような状態にすること。それまでの農民というのは、上に一種の奴隷所有者みたいな形で、むらの豪族を頭にひかえていたわけだ。名主《みょうしゅ》などというのはそれに当たる。徳川時代になるとこれは名主《なぬし》と読むわけだ。「ナヌシ」となると、これは徳川時代のむらの村長さんになるのだが、「ミョウシュ」となると、農民に土地をろくに与えないで、自分の名《みょう》といって、むらの耕地が自分の耕地なのである。いまにすれば小字のようなものであるが、二〇町、三〇町という土地をもっている。そして農民たちは、一番極端なのは大きな家に何十人と住んでいる。そして、朝合図するとみなおきて、外にでて働き、夜帰ってくる。みな一ツ釜で飯を食っている。農民が独立していないわけだ。隷属してしまっている。大家族制度というのはおもにそういうふうなものである。親戚もあるし、他人もいる。直系の血族というものがある。長男——これはあまり働かないで、みんなに命令しているもの。おじいさん、親父さん、長男ぐらいが、いちばん奥のいい座敷で暮している。それから傍系の血族。分かれないのだから親戚が枝葉に分かれてどんどんふえていく。おじさん、おばさん、おじさんの子供、そのまた……の子供と、二代・三代となると大へんな数になる。それがなかなか分離しないわけだ。

それから今度は、非血縁家族というものがある。これは何かというと、一族の農奴——半分奴隷みたいな性質のもの。そういうものも含めて、たくさんいるわけである。たとえば、岩手県などの研究ではっきりしているのでは、一つの家には暮さないが、一つの広い囲いのなかに、あちこちにポツポツと小さな小屋があって、その中心に館の旦那の家がある。そのひと囲いがやはり一家族なのである。独立してカマドをもつということは非常にむずかしい。独立することを「カマド分け」という。カマドをもつということは一所帯をもつということで、なかなかカマドをもたされない。その連中は母屋の土間にきて、飯を食う。カマドをもたせるということは、あるていど土地をもたせるということでもあるから、なかなか許さない。

そういうふうに、一族郎党がいて、それらがふだん畑にちらばって働いたりしている。

その上に、中間に支配して収奪しているものがいる。あるいはまたその上に役人みたいなものが、中間搾取をしている。またその上にいて、そしてはじめて領主がいるという具合に、二段三段と搾られる。たとえば、中間の役人は自分の土地をもっている。そうすると、その土地に、一年一一〇日間きて農民は働かなければならないというようなことを勝手に決めてしまう。そういうものが、何段階もあると、農民はヘトヘトになる。他人のところで働いているうちに一年がすぎてしまうような塩梅《あんばい》ですごしているわけだが、それではもう生産力も上がらない。そこで秀吉は農民を独立させ、中間搾取というものをなくさせる。そして、戦争のほうは専門の侍をつくりだしていく。こういうことをやっていくわけだ。

平野城

このときに、堀をめぐらした、今日われわれが知っている城ができてくるわけだ。平野にある城——こういうものが、このあとできてくるのである。

それまでというのは、こういうしっかりした城というものはあまりない。みな外にでて戦争するやり方だったから。城というより館や砦はいままでは山の高いところにあったのである。山々にかこまれていた。要害堅固な城。うしろは崖、前は山だとかいきなり攻めてこられないような城である。

ところが、織田信長のときから、戦争に鉄砲を使うようになった。そうなると前に山があって見えないのはまずい。いやな話をひきあいにだすが、ベトナム戦争で、アメリカ軍が自分の陣地の前の部落や森を全部燃やしてしまう。ずっと遠くまで見通しがきくようにする。あれと同じ原理で、鉄砲を使う戦争になると、ガラッとかわって、城の様相は平らなところにあって見通しのきくところのほうがよい、というふうに逆転してくる。そういうのを平野城という。

こういう平野城というのは、いままで述べた戦術上の理由もあるし、もう一つは、専門の侍を何百、何千とかかえると、その家族がいる。その家族たちを暮させておくということは結局一つの、いわゆる城下町ができるということである。この城下町にきた侍というのは、ついこのあいだまでは農民であったけれども、自分の食べるもの、着るもの、トウフだってタバコだって全部買わなくてはならない。そうすると、それを売る商人、あるいはトウフをつくる商人、あるいは衣類をそめる染物屋——そういう商人・加工業者が城下町に住んでいないと、城下町として成立しないわけである。トウフが食いたいといっても売っていない、タバコを喫いたいといっても売っていない。米を買いたくとも売っていない——これでは専門の侍をかき集めても暮しがなりたたない。そうなれば、その領主の権力は成立しない。その侍で自分を守るのだから。そうなると、結局、大小はさまざまであるが、一種の経済都市をつくらねばならない。そうなるとやはり平野部で、交通が便利な（運搬用に河が近いとか、港がつくりやすいとか）ところがよい。

日本の町全部が城下町ではないが、こうなると日本の経済が大きくかわるわけである。

売る百姓 買う侍

トウフとかタバコとか衣類とか——それはかつては農民が自分がつくって自給していたものである。それを買うようになったということは、それを農民が売るということである。大豆をつくって売る、タバコの葉を売る、野菜を売る。それまでは年貢さえ領主に納めていればよかったのだが、城下町を成立させるためには、農民がつくったものを売るといったことが積極的に行なわれなければ、これまた成り立たない。

そこで、町ができてくるということは、農民が商品を売るということを、別に強制されるわけではないが……農民が売ってくれなければ城下町の人は暮していけないことになる。

一方からいうと、秀吉がこういう切りかえをしたということは、農村にそういう商品をつくる力がでてきたということでもある。生産力が高まったということ。そして、商品を売るようになる。近いところならば農民が自分でもっていって、振り売りや引き売りで売るということもあるが、やはり、この間に商人がでてくる。でてきたこれら商人たちが、しだいに力を強くしていって、だんだんと領主と結託していくようになる。

徳川時代の中期になると領主や侍の生活はぜいたくになり、行事や儀式など派手になる。

二、徳川の商人と百姓

特権商人登場

支出がふえて収入が固定するという状態になると領主や侍たちはどこに財源をもとめるのか。商人から取り立てるよりいたしかたない。ヨーロッパの貴族のように、自分で農場をもっていれば自分で収入をふやすという道はあるのだが、日本の大名などは物を生産していないのだから人から取る以外にない。商売もできない。

しかし、商人から取るといっても、何か理由がなければならない。そこで、特定の商人に権利をあたえて、その権利金として献金をさせるというやり方で取る（物で納めさせることもあるが）。特権というのは、特産物であるタバコ・砂糖・酒・染料の紅花、あい・ローソクの原料のハジ、綿・ナタネ油（灯油）といった生活に結びつく大小の商品の取り扱いを、特定の商人に限定して扱わせた。そして、だんだん商品の種類も広げていった。

こうなるとまいるのは農民。いままでは、農民がつくったものを売るばあい、買手がたくさんむらにきて、いちばん高い人に売ることができたのだが、それができなくなる。特権をもった特定の商人にしか売れない。特権商人の系列にある者とか買い子がきて買いつけていく。ほかの商人はこないのだから競争もなく、農民は買いたたかれっぱなしということになる。タバコをつくっても棉をつくっても売る相手はひとりしかいない。

絹などは、強力な特権商品であった。絹の織物は一般民衆は着てはいけないし、貴族とか高級士族のところにいく。絹糸というのは京都にのぼっていって西陣織になるとか——流れる道は決まっている。群馬県あたりで糸になって京都にのぼっていく。それを昇糸《のぼせいと》といっていた。一種の契約栽培的になっている。

その商人たちというのは、農民に対しても強力だし、領主に高い献金（冥加金といっていた）をしているから、大名たちに対する発言権も強くなってくる。

小商人の一揆と農民

そういった特権商人に対して、棉の買い集め商人を中心にした一揆が大阪の百何十ヵ町村でおこる。徳川時代の中期のこと。

これを農民が支持する。その商人がけっこういい値で買ってくれていたからである。特権商人によって、買い集め商人や貧農の買い子たち、そして農民全体が食えなくなったり暮しに困る状態にさせられていたのである。それが理由で、大一揆になって大阪中ひっくりかえるくらいの大騒ぎになった。大阪は天領で徳川幕府の支配地であるから、そのことは幕府にも聞こえて政策が変わるのだが、特権化を多少ゆるめたりはするが、体制は特権化の方向にすすむ。

もうひとつは専売制度、いまのタバコの専売制度とはちょっとちがう。徳川時代の専売制度は（藩によって専売制度の有無はいろいろである）、むらできざみタバコをつくり、それを商人が買ってきて領地の外で売る。それは、領主に代わって売るのだから、その利益は商人と領主で分けあう。そうやって領主は財政を確保した。

近代の専売制度というのは、国家財政のもととして税金、債券の発行があるが、どちらも限界がある。税金をふやしていくといっても悪政だという批判がでる。だから、ぎりぎりまでふやすが、もうひといき金がほしいというとき（だいたい戦争のときだが）税金をあげずに不評をかわないとり方として専売制度がとられる。つまり、税金ではとれないようなプラスアルファの国家財政収入を得るためにやるのが目的で、それを国民に消費させるというのがいちばんのねらいであった。

昔の専売制度

徳川時代の専売制度も領主財政のプラスアルファがほしいからやるのだが、おもしろいのは、よそで売ってそのもうけをとるというやり方である。山形の紅花は江戸とか京都で売る。紙でも同じで、専売商品か特権商品のどちらかになっていて遠くへ、都会へもっていき売ってくる。

この専売制度が徳川の途中から加わって商品流通が特権商人のものになっていく。

こうして特権商人がしだいに強力になっていく、領主の財政が弱まっていくということで、三井のように単に自分の領地のなかだけではなく、日本の経済全体をまたにかけるような商人がそのうえにできあがっていく。

はじめ領主は、商品を領地外にもっていくのをきらっていたが、もちだすことの黙認――それは、よそにもっていって売らなければもうからないことがだんだんわかったからだ。制度的に禁止されている商品の流出を領主が認めたわけである。

こういうことで全国的な商品流通が行なわれ、その商品流通網を掌握する大特権商人ができていくわけである。経済が国全体の規模に広がっていくことを国民的規模の市場というが、実際にはもう領民ではなくなる。

中央では、株仲間がとらえている。株仲間というのは、幕府が認めた商品によって、たとえば魚肥の流通までおさえる。もめんなどの反物の株仲間は誰と誰というぐあいに名簿にのる。大きな商人には組という屋号のようなものがあって、絹なら絹を何組かで全国の絹をおさえるというぐあいに幕府が決めていた。そして、その仲間に仲間協定をさせて競争しないようにした。こういうことは非常にちみつにやった。

百姓の年貢が担保

幕末に残っていた最大の商人は、三井組・小野組・島田組・鴻池組などというのがあり、これらの商人が日本の経済を完全に一手に握ってしまうのである。

徳川の末期になって明治維新政府が調べたデーターでは、日本の大名の七割が経営赤字で特権商人から借金をしていたことがわかる。もっと小さい商人からも借金をしている。地主からも借りている。

領主の担保は何かというと、最終的には年貢である。もし返せないときにはどこどこの村の年貢をとってよいというぐあいである。茨城・栃木あたりでは、商人が農家をまわって年貢をとりにくる実例がある。年貢の代理徴収である。このくらいに商人は強く——領主の権威ガタ落ちである。年貢が唯一の収入で、そのプラスとして商人から献納金をとっていたが、年貢は担保にしておさえられているから年々の収入もとだえる。そうするとまた金が足りなくなるから商人から借りるということでガタガタになっていくわけである。

自分が育てた特権商人に、自分の腹のなかをえぐりとられていく。飼い犬に手をかまれたなんていうどころではない。これが、幕末の動乱のなかで徳川封建制度が最後にがんばりきれなかった物質的な理由である。経済力を完全に失ってしまっていた。

三、明治の大商人と農民

東北の年貢米と官軍

鳥羽伏見の戦いという幕末の戦争で、官軍が幕軍を倒す決定的な戦いがあった。この戦争がはじまろうとしているときに、官軍のほうから小野組へ金を借りにきている。幕府が育てた特権商人にである。ことわったと思うだろうがすぐにことわらなかった。伊勢の松阪の旅館に一夜こもって三井八郎衛門、小野善左衛門、鴻池、島田ら四人で官軍からの申し入れを協議したという。三井の伝記によると、そのときの話し合いが戦況の分析をしている。そして、官軍に利ありという結論をだしたのだからひどいものである。それで、官軍に二〇万両の金を提供するという約束をしてそれぞれいくらかずつだしあった。官軍はたちまちいきおいをえて幕府軍を圧倒的にぶちたおしたともいわれている。

そのときにも条件がある。二〇万両は貸しているわけだがそのときに官軍が借用の条件をだしている。勝ったあかつきには東北地方の年貢の何ヵ年分かを提供するというものであった。

官軍が最後のどたんばで商業資本にたよっていったということをみてわかるように、商業資本の力がいかに強大であったかということである。つまり、あの時代で経済力をにぎっている唯一の連中であった。官軍も経済力はないし、国家財政をにぎってないのだから弱いものである。幕府もだめなのだから日本の経済力は商業資本が一手に握っていた時期があったわけである。

銀行の誕生

維新政府ができるときには幕府が育ててきたその特権商人を倒すのではなく、それらに依存しながら日本近代社会がうまれたわけである。

このようなことであるから、新しくできる近代日本の経済の柱として商人資本が腰をすえるというのはあたりまえのことだったのである。

ヨーロッパなどでは、領主などと結託してきた商人というのはブルジョア革命（資本主義革命）のときに一緒に殺されたり、焼き打ちにされたりして、それらに対抗する新しい産業資本がでてくるから、経済の柱に産業資本がなる。そして、産業資本がつくった商品を売る商業資本がくっついて育ってくるわけである。

それが日本のばあいは、商業資本が経済を支配したまま資本主義社会にはいっていったわけである。だから、銀行をつくるといっても全部商業資本——日本で法律上最初に認められた銀行は第一銀行で、明治五年に国立銀行条例によってはじめてつくったのである。七七番めにできたのが仙台の第七十七国立銀行、こういうわけである。

第一銀行はどうやってつくったかというと、政府が三井組と小野組に半分ずつ出資させてつくらせたわけである。いま考えてみればたいした銀行ではないが、当時としては日本の中心の銀行である。日銀は、その後明治一五年にできている。だから大蔵省などの金は、最終的には第一銀行が掌握するという関係になっていた。日銀に代わる役割をはたしていたのである。しかも、小野組は明治一〇年に破産して三井ひとりのものになってしまった。だからこういう商業資本というのが金融界まで掌握してしまうようになる。もともと商人で高利貸であったものが、物産の面では流通をおさえ、金融の面では新しくできた近代的な銀行制度というものをおさえてしまったわけである。

これもヨーロッパでいうと、産業資本家がつくった銀行、貴族がつくった銀行が別々にある。封建時代に大きな顔をしてた商人がそのまま銀行も商業も全部にぎるということはできなかった。

日本では、これらを全部にぎってしまい、政治でも何でもうごかす力をもってくることとなるわけである。明治政府の元老として知られる井上馨が政治的には三井の番頭といわれるくらいになってしまっている。

残る三井組

明治政府のはじめのころには、三井・小野・島田・鴻池らは日本中の年貢の取扱いの特権を与えられた。というのは、年貢はみな米であるから政府が集めてもしようがないわけだから、この米を金にかえるのを商人にまかせた。日本全部を四つぐらいに分けてそれぞれの商人がやり、それを売った金で国庫の役割をもやっていた。その金はもっていても利息は余り国に払うわけではないし、勝手に使ってボロもうけをしていた。なかには小野組のように、さんざん投資していたが、国が金を取り立てようとしたときにない。それで破産してしまった。なお、小野組の破産は井上馨と三井が結託して仕組んだワナによったものだという説がある。そんなことで、小野組とか島田組は脱落して徳川時代からの巨大商人で残るのは三井組だけとなる。それで、日本は三井のひとり天下になるわけである。

三菱（岩崎）というのは、土佐の高知の人で、明治にはいってから海運業でのびてきた人である。明治一〇年の西南戦争のとき、武器を送るのに何隻もの船を買ったり、国から借りたりして満載にしていったのだが、むこうにつかないうちに戦争が終わってしまった。そのとき船もなかみも全部三菱にくれた。それであっという間に巨万の富をものにし、大運輸会社になってしまった。三井も海運業をやっておりその争いは絶えない。この争いも渋沢栄一によって仲直りさせられ、合併してできたのが日本郵船株式会社である。

こうやってみるとたいがいの大きなものというのはここから出発している。

日本ではまず商業資本が

ヨーロッパでは、産業資本が変革の柱になり、それに商業資本がくっついてうごいていく、そして、金融資本は産業資本の必要上でてくる。あるていど資本主義がすすむと金融資本がうんと強くなって産業も商業も支配するようになり、独占資本の段階になる。このようなコースがヨーロッパの先進資本主義諸国のかたちである。日本は終始一貫商業資本で金融資本が支配していくが、実は金融資本それ自体商業資本なのだ。第一銀行のほかに三井銀行というのもつくっている。住友は商人でもあるが、もとは鉱山を主とするちょっと毛色の変わった資本であった。

このように日本のばあいは、商人自身が経済を支配するという非常に特殊な経済のしくみをもつようになってしまったのである。

四、米肥商と農民

米肥商ということばがあるが、いろいろな意味が含まれている。とくにいわれる意味は、肥料を前貸しして米で肥料代をとるということだが、このことが米だけでなく棉にもあてはまる。

硫安製造は明治から

明治のはじめ兵庫港（神戸港）には米穀肥料問屋同業組合というのがあった。米と肥料がどうして同じ組織で扱われるのか。物の性質はちがうのだが、農村に肥料がはいっていって米をもってくるという往復——北海道からニシン粕を兵庫の港へ運んでくる。もってきたニシン粕を大阪の棉作地帯へもっていって売る（貸す）。とれた棉は北海道にいくのではなく、棉問屋みたいなところへ渡す。

東北のほうで米と肥料が結びついて、明治の終わりころになると米つくりにぼつぼつ金肥を使うようになる。米ならダイズ粕・過燐酸・石灰を使うようになる。石灰を入れると米がやたらにとれるというのだが、三年ぐらいたつと全然とれなくなる。これは、それまでの有機物の分解を促進して大いに肥効を高めるというのに役立っていたのであって、石灰そのものが肥料になるというわけではなかった。なかには、石灰をやりすぎて田んぼをだめにした人もでる。そういうのは商人がやらせた。石灰をやれば米がとれるとどんどん石灰を入れたという話がある。購入肥料をめぐってさまざまなこんらんがあった。

だんだん多肥農業がうちだされ、米がたくさんとれるようになる点は農民を幸せにしていく可能性を与えている。けれども、それまで肥料を買ったこともない農民に肥料を買うための借金をさせたという意味では農民に新しい悲劇の動機をつくったのである。多肥稲作、耐肥性の品種の功罪である。

ある特定の農家の人で考えれば、昔のようにあまり収量がふえなかったかも知れないが、人糞とか堆肥で米をつくっていればこんなに借金をしないで娘も売らなくてすんだのに、ということがあったのではないだろうか。

硫安の製造は、日本でも明治の末からたいした量ではないがはじまっている。大正にはいると大量の硫安製造が行なわれ、売りこみは積極的になってくる。そして地主たちが、たくさん小作料をとりたいばかりに小作人に肥料を前貸しするということが全国的におこってくる。

地主が金肥を使わせる

農商務省が調べたデーターのなかにも、全国の地主がどのように農業を奨励したかがある。それによると苗代は短冊苗代にさせ、田植えは四ツ目正条植えにさせ、大豆粕・過燐酸・石灰・硫安、こういうものを奨励する。これが、全国的に行なわれている。大きな地主になると小作人を集めて教育をしている。肥料のやり方とか苗代のつくり方など。小作人道場などをつくっている地主もいた。

それに共進会――地主がやる共進会。米をくらべる共進会もあるが、小作人全部に一つずつ田を選ばせそれを番頭などが採点していく。除草から田植えのやり方、肥料はどうか、収穫はどうかと総合点何点とし上中下に分ける。いちばんいい人は表彰式のときは旦那のすわっている座敷にあげて名前をよびあげ、鍬をくれたりする。中位の農家は、つぎの広間にすわらせ鎌をやる。下の人は板の間か土間にすわらせ罰することはしないが、名前はよびすてにするなど区別し、米作に一生懸命はげませるようにした。

共進会・品評会はそのときかぎりなのだから生活には関係がないがだんだんにこれを強制するようになる。実はこれが、明治末期から大正期の小作争議の原因の一つになっている。米の精選度合（精粒歩合など）がわるければ、罰米として一俵当たり一升とか二升とか三升よけいにとる。地主のいうとおりやらない者は小作米を受けつけないから奨励を実行することになる。これは肥料だけではなく、あらゆる技術面で強制がはいってくる。

したがって、肥料の普及は地主制度を通じてかなり急速にすすんでいった。農民が自分で買う力がないと貸してあげる、利息はとらないからという。それならお借りしましょうということになる。しかし、どういうわけか返せない人が一〇人に一人くらいはでてくる。

肥料で貸して田でとる

ご存知のように、昔の不作というのはひどいもので、冷害に水害が重なったりすると収穫皆無といったことになるから、わずかな量でも返せなくなる。そして、それは翌年から借金となって帳簿につけられ、利息がつく。翌年も不作ならその利息は累積していく。

こういう利息で明治の初期には年利で二四パーセントという例まであり、単利でいっても四年で倍になるのだから複利なら三年くらいで借金が倍になる。

一〇円借りる貧農なんてそうめったにいなかった。生活のたしにするとしても肥料代を借りるにしても、はじめに借りた金額は、田一枚取り上げられるような額じゃない。ところが、不幸だとかが重なっていき、それに利息が累積していくと、やがて三畝分の田んぼ一枚分にもなってしまう。

この商人たちは、肥料代とか〇〇の金とか非常に細かく貸している。いろんな農民に何百軒と貸している。だから、あっちこっちで担保が流れるというぐあいに細かいのがあっちこっちにでてくる。それをまめにかき集めて全部自分の田んぼにする人もあれば、そうしない人もある。

明治時代の大きな米の移出問屋をみていると、手に入れた田んぼはすぐに売ってしまっている。それを買うのは地主になろうという商人が同じむらの田を買い集めている。ひとりの商人があのむら、このむら——一畝、三畝と手に入れても管理しきれないから、地元の地主に売ったり、地主になろうとする商人に売るばあいが多いようである。あるていどのまとまりがないと、小作地としての管理がめんどうになるから、ある商人のところに土地がはいったとしても終わりまでその商人のものになるとは限らないのである。

しかし、多かれ少なかれ商人的な活動によって土地がはげしく流動しているうちに、どこかの商人か地主のもとに集まっていくというぐあいであった。

第二章　現代の商業資本と農民

一、農産物の価格体系

市場でつくられる農産物の銘柄

銘柄についてふりかえってみるに、ほかの農産物もそうなのだが米の銘柄についていえば市場の商人がつくったものなのである。産地では、おれのとこは銘柄品だから高く売れたのだというふうに思っているが、それは市場からいただいてきた銘柄なのである。そして、彼らの評価によってつくりだされたものである。この銘柄体系というのは農産物の価格の決まり方、価格体系を非常によく象徴している。

宮崎県の日向カボチャで有名な宮崎県の日向にいって聞いたことだが、五月にだす東京で五〇〇円もするスイカの銘柄を、市場で認めてもらうまでに三〜五年かかったという。農林省が無責任に、主産地形成で新しい産地をつくれつくれというが、主産地をつくるまでに苦労し、やっと一定のものができ、市場で銘柄として認められ、ぜひ出荷しなさいといわれるまでには二年も三年もかかる。

これは米だって同じこと、ただ長い歴史のなかでつくりあげられたものである。このような過程を知らないで、おれのところは高く売られるというが、それにはたいへんなコストがかかっている。余マスをたくさん入れるとか調製をよくするとか。そういったことで生産者主体の価格体系ではないわけである。

商品というのは市場で銘柄が決まると思われるかも知れないが、テレビとか洗濯機だとかを考えるがよい。これらは、みなメーカーが銘柄をつくっている。イメージをつくって強引に消費者におしつけてくる。工業製品——原材料はそうでもないが——最終消費の商品についてはメーカーが価格体系をつくるような、独占の状態になってきているのである。

したがって商品というものがすべからく市場で銘柄がつくられるものだと思っているのであったらとんでもないまちがいで、それは、力のあるものがつくるのである。

共選共販　独占資本のように、八万円でできるカラーテレビを一六万円で消費者に買わせよう——そんなことを農民が考えているわけではないのだが、自分のつくったものの価格体系がぜんぜん別なところでつくられ、そこで決められる値段にうごかされている。こうした状況のなかで、農協の存在というのはどうなっているのか。

青果物でも、共選・共販——共同の力でとか団結の力でとかいうが、値段を決めるほうは市場まかせになっている。市場がまっすぐなキュウリをつくれといえば、それにこたえるといったように。つまり、団結の力というものがどこにもあらわれていない。むしろ市場にとってつごうのよいように農協が働いているというだけのことである。

農協は市場の出先機関——農協の人はそうは思っていないかも知れないが、実際にはそうなっている。強力な団結の力で中央市場のやり方を変えるとか、セリのやり方や格付けのやり方を変えるような交渉をしているだろうか、やっていない。

ことに農協でⒶ市場をもっていることは、テストケースとして意味のありそうにみえるが、結果からみると決定的なマイナスである。なぜなら、農民が市場を攻撃しようとするときに農協がそれをまあまあというぐあいに押えてしまう。農協の全国連が市場を経営しているからそれを攻撃されては困るので、市場の悪口はひとこともいえないのである。

そういうことで団結の力で農民の利益を守るためにあるはずの農協が、逆に市場にいちばんつごうのいいようにしくまれているのである。

米のばあいでも、もし自由化の方向にいってしまえば危ない。野菜やほかの農産物についてそういう反省がないなかで、米の取扱いをまかせたりすれば、青果物と同じような結果になる傾向が非常に強いのである。

二、農産物の商品化

米の規格ミカンの規格

農業というのは工業ではないので、自然の営みというか自然の循環のなかで、ある途中のものを米として、牛乳として、卵として人間が収穫する。それを自分で消費したり商品にするといった性質のものである。石けんや鉄のネジは、材質はみんな同じものであるし、同じものでなければならない。工業というのはそういうものであろう。石けんでもひとつの工場でつくる石けんはみな同じ、そして五〇円の石けんならつくられる質もみな同じ。といったように工業製品というのは独占化がすすめばいっそう規格化され統一化されていく。そのほうがいいかどうかということではなく、そうなっていくという宿命性をもっている。

ところが、農業のほうは軟質米・硬質米というのは土地がらのもっている質のちがいなので、そのちがいが自然に米粒の質のうえにあらわれてくる。それは当然で、このちがいをなくし規格化しようとして、軟質米の産地でも硬質米ができるし、硬質米の産地で軟質米のようなものができるようなことを考えだすとすれば、それはやはり工業的なものの考え方の影響になるだろうと思う。

ミカンだってリンゴだって、長野と青森と味のちがいというものがでるかどうか非常に疑問だと思う。ミカンなどのばあいには、愛媛県のミカンと静岡のミカン、神奈川のミカン——これは土地がらがいくらかでてくる。静岡とか神奈川のミカンは皮が厚くてすっぱい。早生ものはよいけれども、ふつうの出盛り期のミカンとしては、東京などでは、愛媛や九州のミカンよりもおちる。しかし、すっぱいほうがミカンらしくてよいと思う人にとっては、静岡ミカンのほうがよいし、皮が固くてすっぱいから貯蔵性はあるので、輸出用のミカンということになれば、静岡や和歌山のほうがよいということになる、というような、いろんな生産上の特徴や個性があると思う。

こういうものを同じ産地のなか、同じ地方のものとなると、いままで農協がすすめてきた（私自身そういうことに賛成だったのだが）、愛媛県のミカンは全部同じ規格で、同じような味で、どれをとってみてもみんな同じようにしようと考える。愛媛県といっても、宇和郡（ずっと南のほう）や温泉郡（北側）の産地があり、味がもともとちがうかどうかよく知らないけれども——それがとにかく全部同じ大きさで、同じ箱につめて、どこをとってみても同じだという方向にもっていく。これが農産物の商品化にとって必要であって、そういうふうな商品にしていくミカンつくりをすることが大事である、というふうに推進していったわけである。

リンゴにも土地がらや人の個性

だから青森県津軽のリンゴといっても、土地がらというか、つくる人の個性とかいうものがいろいろに反映されて、質のちがいというものがあったわけである。そういう意味では、弘前を中心にした地域は、量は多いが、産地としては比較的個性がない。産地の名前でいえば、一の渡《わたり》とか、千歳《ちとせ》など……なにか、そういうふうなところのリンゴつくりの農家には、腕自慢のリンゴつくりがいて、東京の仲買いや小売の人まで、その農家の名前を知っているというような……。そういうのを小印という。個別の屋号を自分の荷につけて出荷する。

実はそういう人がいるということは、農協にとって非常に困り者で、こういう人を何とか撲滅しなきゃいかん、こういうものがいるから農協の共選がすすまないのだと。

いまでも、共選物に自分の屋号をつけたり符号をつけたりすることがあるが、これは意味がちがう。これは東京の市場でチェックするとき、中身がわるかったときにチェックできるようにつけている。あれを小印と考えるのはまちがいである。

岡山県のモモの例でも、非常に素晴しいものをつくれる人と、よいものをつくれない人がいる。これではいけないというので、岡山県の園芸試験場は農協とタイアップして、せん定から施肥から全部統一して、岡山のモモというものを単一のものにしていった。それによって、腕のわるかった人はあまりわるいものをつくらなくなり、みな平均化されて、大量化されてきた。いまから一〇年ほど前までは、大正・昭和を通じて東京でモモといえば、岡山と決まっていた。それがいまでは、東京に岡山のモモなどほとんどはいらなくなってしまった。どうしてかというと、かつての岡山ものは、親子代代、うけつがれた技術で、特定の農家の集団が素晴しいものをつくっていたけれども、そういうものは、もう岡山に行っても求められなくなっている。そんなときに、画一的な指導で成果をあげはじめた山梨県があらわれる。山梨といえばブドウの国であるけれども、そこに同じ技術でモモを急速に普及させていくと、同じモモがたくさんできる。それに東京の近所であるし、モモなどというのは輸送の荷いたみもひどい。それで岡山のモモというのは関西までしかはけなくなってきている。それでは東京の人は、山梨のモモがはいるようになって、うまいモモが食えるようになったかというと、いやたいしてうまいモモではない。もっとも大衆みんなが一様に安いモモを食えるようになったという点ではプラスの面もあるだろうが……。

力で画一化

リンゴみたいに、いままでは値の差があまり問題にならないようなもののばあいでも、共販がすすめてきた歴史の過程をみていくと、そういう篤農的な、個性的なもの、自分のもっている畑の土の質にあわせたりして、おれでなければつくれないというのはもう時代遅れだということになっている。同じ顔をしたものを大量にどんどん流していくというのが共販の精神である。正直にいって、私もそれが非常に素晴しいことであって、そのお陰で東京や大阪、都市の大衆的な人たちが果物をたくさん食べられるようになったという感じもするし、結構なことだと思っていたのである。しかし、これだけ大量化・規格化・統一化がすすんできた過程で少しひねくれた見方をしていくと、それはやはり、農業を工業のように考えて、何ミリサイズのネジをつくるのと同じ方向ではないかという感じがしてきたわけである。

ミカンやリンゴやダイコンを規格化するということは、それだけをとり上げれば、それほどわるいこととは感じられないが、しかし、キュウリというものは、日本中のキュウリがみな同じ格好をしていなければならないというような、全国画一的なものの考え方というものは、やはり農業というものの自然生的な農業固有の特徴をできるだけ殺していこうという考え方になっていくのではないかという気がするわけである。

情報化時代の本質

みな同じようにするために、こちらでは石灰を使ったほうがよいとか、あるいはホルモンみたいなものを使うとか、だいたいそういうときに使うものは、化学薬品的なものが多い。農薬を使う、ビニールを使う、温度調整をする。だいたい農業の外からはいってくる資材を活用する。

そういう力で画一化させられている。ある地域の土壌が、その果物あるいはこの野菜に、こういう味をつけさせて、それが特徴であったというものを、その特徴をむしろ薬品の力で殺して、東京でのうけのよい形にしてしまっている。そしてそれは、東京の人が求めているかのようにいわれているが、東京の消費者は、そういう状況のなかで本当の味がだんだんわからなくなっていく。

私どももそうであるが、ミカンは甘いほうがよいというような感じで、甘いものがミカンだというふうになってしまった。もともとミカンはすっぱかったのだが、日本ではとくに甘いものが要求される。日本の温州ミカンみたいな甘いミカンをアメリカに輸出すると、ミカンというのはもともとすっぱいものなんだということで、あまり評判はよくないという話である。かえっていくらか酸味のあるミカンのほうがいいわけだ。少し前までは、甘酸適度——すっぱさと甘さの比率が問題にされていたのだが、いまはもっぱら糖度が高く、甘さが多いほどよいという傾向になってしまっている。

これは、東京あたりの消費者も、おしなべて、味の感じ方が、規格化されてしまったという感じがする。要するに民衆全体の規格化であり、コンピューターの導くままに味を感じ、あるいは生産する。これは、ボタン操作で農家がものをつくり、消費者が消費するというふうに、人々がすべてコンピューターの命ずるがままに動くような時代——これがまさに情報化の時代の本質だと思う。そういうものの要求に合った農業がしだいにつくられ、結果として消費者もそういうふうに消費させられるということである。これを非常に強く感じるわけである。

共選、はたして得か

『農業は農業である』という本にも書いたが、ヨーロッパなどでは規格化されたものが店に並んでいるのではなくて、いろいろな形のものが、いろいろなふうに置いてあってごたごたしている。そのかわり、小売はほとんど目方売りで、リンゴ一個いくらとか、一山五〇〇円とかという売り方はほとんどない。はかってくれるのには、大きいのとか小さいのとか、あるいは色のよいのとかいくぶん青いものが混じっている。私ほんとうに感心するのだが、日本では、トマトでもリンゴでも、よくまあ同じ色に仕上げられるものだと思う。

それで、ヨーロッパをみてきた人が日本はすすんでいるということになるわけだ。その点ではすすんでいるといえるのかもしれないが、そういうすすみ方は、つくる人の利益には結びつかない。大量規格的にどんどん流していくということは、生産者がそれを大量に取り扱う資本なり、農協の支配のもとにおかれるという関係をつくっていくような感じがしてならない。

農協での共選・共販は、商人の支配から農民がのがれるためにやるんだ——そういう重要なプラスの面があったと思う。しかし、共販まではよいのだが、なぜ共同で販売するものがみな同じ規格でなければいけないのか、規格がみな同じだということがなぜ生産者にとくなのか。これが非常に疑問になってきている。恐らくみなさん方はそう思わないだろうし、ほとんどの人は、規格を統一することはいいことなんだ、規格を統一することで共同出荷ができるんだ——そこまでは自信をもっていってきたし、思ってきたと思う。だが、いいことなんだというのはとくなことなんだといいうるか。

ここをもう一歩つっこんで考えてみると、私はそれでとくをしているのは、生産者ではないのではないだろうかという感じがしている。裏返していえば、荷受けが山回りとかいって産地にきて、規格化の指導をしていく。厳しい注文をつけていったりする。これはやはり荷受けが大量に能率よくものをさばいて、多額の手数料収入を得るというためには必要なのかもしれない。

大量化すれば

東京ばかりが相手ではないのだ。東京のように大規模化された市場では、いくつかの非常に少数の荷受けが巨大な消費を独占しているわけだ。近在の産地ならいろいろ売り方もあるが、青森から東京に、秋田・岩手から東京にリンゴを売るということになると、産地も生産と供給量が大量になって、何千箱、何万箱と毎日のように供給することになる。結局、一種の独占の手を経る以外に方法はない。彼らは大量化でどんどん処理していってもうける方法ということになれば、規格化したほうがよいに決まっている。

千葉の農家の話しでは、近くの市場にだすときにはあまり規格には気をつかわない。見てよいと思ったものを買ってくれる。だから、いろんな大きさのものを、カゴかザルに入れておいておくと、それを見つけて買っていく人がいるものだといっていたが……。中央卸売市場のようなものがなければ、農産物・青果物をさばくことができないということが頭のなかにはじめからあるものだから、そこを通っていくためにはどうしても規格化されたものでなければだめだと――すべていまの市場制度を基準に考えるようにさせられている。

私は農産物に対しては消費する立場だけの人間であるが、消費する立場の人間からいうと、果物でも野菜でも産地による特徴はなくなってしまったと思う。味の差は、すっぱいものは甘くというふうな具合に差がなくなってくるし、また野菜などは、漂白剤で白くして出荷するようにするし、リンゴは水をかけて赤くして出荷するとか、いろいろやっている。画一化していく。その画一化が素晴しいことだとわれわれは考えてきたのだが、ここに大きな疑問をいだかざるを得ないわけである。

私が、ある二～三人の座談会でこういう話をしたときに、ある人はやはり大型の共同選果機はアメリカからきたものだという。私は、ヨーロッパの産地に行ってみてはいないが、日本のように競争で選果機を置くようなところはないという。聞くところによるとアメリカだって、サンキストのような大量の輸出をするところでは、選果機にかけるために規格のあったものをつくるように生産者を指導するけれども、アメリカの国内市場などにいくと、もう青果物の規格化ということは、それほど考えないらしい。

大は高く小は安い

私はヨーロッパしか知らないが、自分で売るわけだから、大小があってもよいわけだ。リンゴを食べるのにどうして大きさがそろっていなければならないのか。それは、同じような兄弟がいて、みな同じような大きさのものを一つずつやらないとけんかになるということもあるかもしれない。しかしふつう天然のイチゴやクリだって、同じ大きさのものがキチンとそろっているほうがよいだろうか。

ヨーロッパ人のものの買い方というのは、大小まざったものを自分で買ってくる。オレンジやモモなどは買ってくると、お菓子にしたり、ジャムにしたり、生で食べたりいろいろである。そのなかの大きくてりっぱなやつは生で食べ、少し小さいのはお菓子なりジャムにするというように使い分けをする。

目方で買ってくる。果物などを売っているのを見ると、台の上に積んである。日本でも昔はそうだった。リンゴをいくつくれとか、自分でとって計りにかけて、お金をはらって買ってくる。大中小の区別がない。イチゴでもサクランボでも大小で区別して別々に売るということはあまり見かけなかったものである。

近ごろはどうか。出荷するばあい、ものによってもちがうが、たとえばミカンなら、キロ当たり大きいほうが高くて、小さいほうが安いという日本の現実である。なぜ大きいミカンが高くて、小さなミカンが安いのだろうか。クズみたいなものはともかくとして、味などは中くらいか小さいほうがかえってよいということがしばしばある。イチゴにしても、大きいのを粒をそろえて、箱のなかに枕に寝かしてあるようなのは高い。小粒のものは安い。味はどちらがよいかというと、イチゴなどはどう考えても小粒か中くらいのほうがうまい。だが生産者のほうでは、大きいのが高くて小さいものが安いのである。

信念が強すぎるから

野菜になると大きすぎるのはまずい、小さいもののほうがよいと評価されているものもあるが、とにかく規格によって値段が非常に厳しく差がつけられている。その規格による価格差というのは相当に大きい。

こういう右にならえみたいな形で、商業資本というか、荷受けの力で——中央卸売市場の機構で、ものが整えられていくということのなかに、何か農民が必要以上の労力のむだと経費を使わされている。そして、それにふさわしい報酬を得ていないのではなかろうか。

共同選果の世界、農協の世界では、規格化がよいということは絶対の信念のようになっている。あまりにもその信念が強すぎるから、私はそれに疑問をいだいた。疑問をいだきながら、いろんな角度からみていくと、ますます疑問は深まってくる。

三、現代商業資本と農民

頭を使わないで

ある科学研究所の友人が、「困ったな……今度どういう農薬をつくろうかなあ」といっていた。そうして、試験場の人からいろいろ意見を聞いたりして、今度はこういうのをつくったらよいだろうとなるわけだ。

そういうことばの一つによくあらわれているように、要するに農業の外で用意されていく機械や資材——こんどこれをつくったらいかに農村に売りこむかというための、あらゆる情報機関、セールス方式を徹底的に活用してむらのなかにこれをもちこんでいく。

ところがむらのなかにそれを受け入れる雰囲気がなければ困る。その雰囲気をだれがいちばん直接的につくっているかといえば、実際問題としては農協だと思う。農協はそれ自身のパイプにもなっているし、営農指導その他を通じて絶えず自然の循環から断絶したような農業の方向にもっていこうとしている。つまり、機械・農薬・化学肥料・資材などにもっぱら依存した、自然生的な力や人間の頭脳——頭の働きやからだの働きをできるだけ利用しないような、できるだけみんな働かなくていいんだ、楽しみなさい、楽できるようにしてあげます、というような調子である。その結果は、からだも楽になると同時に、今度は頭も使わなくてよい、考える必要はないのですよ、このとおりやっていれば間違いなくできる——こういうふうなものにどんどんなっていく。

機械田植えそれ自体に反対するわけにはいかないが、稚苗づくりを農協でやっているところがあるが、こうなると育苗に関しては、農家の人はもう考える必要はないということになってくる。機械の上にじゅうたんみたいになった稚苗をポンとのせて、あとはガチャガチャとやっていくと自然に植えられていく。めんどうなことはいっさいなしだけれども、補植はめんどうだ。そのめんどうなことは誰がやっているかというとだいたい女の人がやっている。田植えから解放されたといっても、あの補植というのは、育苗のうまくいっていないようなところではことにそうである。片方では親父さんが機械植えを調子よくやっている。片方では奥さんが一日中あっち見つけたりこっち見つけたりして広い田んぼを歩きまわって補植をしている。

働く必要もないし、ものを考える必要もない人間にしてあげるという大変な親切――これが問題だと思う。それは、機械に従属することである。そういう雰囲気をつくっておくと、今度は、考えなくてもよい、働かなくてもよいようなものが、でてこないかナ、という期待をいつもみんながもつようになって、そういうものがでてくれば、テレビでは宣伝する――誰かがやってみせる、そうするとすぐにそれが大量にはいってくることになるわけだ。

考える苦痛

こうして私の話を聞いて下さっているみなさんは、ほかの人がやらなくてもよいようなことを、三日間も一生懸命苦労して、腰までいたい思いをして椅子に坐ってものを考えようとしている。人間が考える苦痛から解放されれば、だいたい人間でなくなるようなもので、実は楽だけれども、肉体労働よりも考えるということのほうがつらいばあいがあるだろう、私はやはり考えるという苦しさから解放されたときには、人間はおしまいだし、それでいてそのおしまいは死ぬことではない。そのおしまいになった状態の人間というものは、いちばん使いやすい。情報のままに動く、そういう人間にますますなっていくだろうと思う。そのような雰囲気に村をさせていっている何かがあるのだろうが、その窓口になっているのが農協だし、それを家庭のなかに直接もちこんでいるのがテレビだとか新聞だろうと思う。

そういうテレビ・新聞・農協というようなものを通じて、そういう雰囲気をつくりながら、商品がどんどん流れこんでいく。ただとにかく買えというのではなくて、生産と生活における主体性を完全に失わさせておいて、そこにどんどんと買わせる。買えば働いてその代金を払わなければならない。その働きの場が農業のなかになくなるから、外に行って働いてきて、この農業機械の代金を払いなさいということになる。

これはやはり機械メーカーの資本であり、それを扱っている商業資本と、日本の農政と農協が一体になって農民を産業資本と商業資本に従属させる方向でもある。機械化のすべてが、どんなばあいにもそうだというのではないが、主体性をもって農家の人たちが生産や生活のために使うものを選ぶ主人公になる――資本側にとっては困る。こんどどんな農薬をつくろうか、どんな機械をつくって売りこもうかというわけにいかなくなるわけで、農民は何を求めているかを聞かなくてはならない。それは非常に手間がかかって困るのである。

農民に求めさせる

いまの日本における情報化時代のやり方というのは、農民が何を求めているかではなくて、農民に求めさせるやり方だ。これは求めているわけではないのである。それを「需要の創造」というわけだ。ずいぶん格好のよいことばにみえるが、こんなにひとをばかにした話はない。いまの情報化時代の最大の眼目は、需要を創造するということである。需要がなくてもよいわけだ。需要がなくても先につくってしまう。そして、その商品を民衆が需要するようにさせるわけだ。

強制するばあいもあるし、テレビなどで強制と感じないように、自然にそういう気持ちにさせていくわけである。

需要と供給ということばがあるが、工業生産物については需要と供給の法則などというのは、いまはないだろう。需要と供給の法則というのは、需要と供給が一致したときの一つの正当な価格、価値どおりの価格のこと。一万円のものをつくり、それを一〇〇台生産した。消費者のほうもだいたい一〇〇台くらいの需要がある。ちょうど見合ってちょうどよいというので一万円の価格で取引きされた。ところが一万台つくったが需要のほうは五〇〇〇台しかない。そうすると値段はぐっと下がる。需要がうんと高ければ値段は上がるだろう——かんたんにいうと、こういうのを需要と供給の法則という。

ところが、いまいわれている需要の創造でいけということは、需要のないところにものをつくるわけだから、供給のほうがずっと多いはずである。ところがこれはすでに値段を決めてしまって、買わなければならないように民衆をしむけていく、需要をつくりだして買わせる。需要と供給の法則もへちまもあったものではない。

では、農産物もそうかというと、そんなことはない。農産物で群馬県の高原カンランが、東京の市場で一日の供給量が一〇パーセント多くなると値段は半分になってしまう。こんなにきびしい需要と供給の法則が働いている商品分野というのは、農業以外にはほとんどなくなっている。そのかわり足りなければ、あがるかもしれない。

洗濯機やテレビなどの工業生産物が、新しい型でパッとつくりだしたときなど、それは需要より一〇パーセント多いというていどのものじゃない。さしあたり需要などないかもしれない。では値段は下がるかといえば下がりはしない。徹底的に宣伝して売りこんでいく。情報化社会のなかで、そういう資本にとって都合のよい、資本に依存せざるを得ないような生産・生活のパターンを農民につくらせているわけである。

本当の協同組合運動

農協はどうか—あらためて申し上げるほどのことはない。私がこれにちかい話を、ある県の経済連の職員研修会で、三〇～四〇人に話した。反論も何もないのであるが、あとで終わってガヤガヤ飯を食っているときに小耳にはさんだ話では、あの先生のいうようなことでは、経済連などつぶれてしまうよと、こういっている。

本当の協同組合運動とは何だろうかというと、私は購買事業に関しては、消費量をへらす運動だと思う。だから、組合員の数が固定していれば、購買事業が成果をあげるということは、購買事業の量があるていどまで減るということだと思う。それは、ちょうど必要なところまで減ってくれば、それ以上むりに減らすことはない。肥料だって、ここまで減らせば、このくらいはどうしたって必要だといったときに、新しい需要がでてくるかもしれない。

消費を減らす運動というのがまず基本だ。生活購買にしても、生協のほうは基本的にはそういう運動をしている。それは立派なものだ。なんでも買いなさいという運動は、生活協同組合はしないわけである。消費の節約の運動をする。そして、洗剤ならできるだけ手の荒れないものだとか、害の少ないものをいろいろ、むだのないように使いましょうという指導とともにやっていくわけだ。そういう運動だから、たくさん消費しましょう、という現在の雰囲気のなかでは、消費者からあまりうけ入れられない面もあるわけだ。うんと話し合って理解してもらうと、生活協同組合運動というのはナルホド！といってみんなの支持をうける。

私に言わせれば農協でも、「オレ耕耘機、トラクターを買いたい」ときたら「アンタのところ、前の古いやつあるじゃないか」「なおしてあげるから、あと一年あれを使いなさい」というのが、農協の本当のやり方だと思う。作業服を買いたいといえば、「おまえさん破れたところにつぎをあてればあと一年はける」――これが農協の本当の仕事だと私は思う。おまえは農協の理事でも何でもないからそんなこと気楽にいっていられるんだといわれるかもしれないが、協同組合運動のもともとの運動の精神というのはそういうものなのである。だから協同組合運動というのは、社会主義運動の一つのコースのものとして生まれてきたわけだ。ロバート＝オーエンとか、有名な協同組合運動の創始者たちは、決して資本がつくったものをどんどん売ることを目的にしたのではなくて、むしろそれに抵抗して、貧困な生活者が少しでも節約して、しかもなるべく共同で安くものを仕入れるという運動。理くつは非常に単純で、全然むずかしい話ではないのだ。

これが、農協みたいな立派につくり上げられた世界のなかにはいってみると、それがいかにむずかしいかということがわかる。常勤の理事がいる、参事がいる、職員がたくさんいる。大きな購買店舗は設けた。こういうことになると、それを維持するだけでも、徹底的に売って売って、売りまくらなくてはだめなわけだ。

貯蓄推進

かと思うと農協共済事業では契約獲得掘下げ月間だとか……あるいは農林中金は何兆円の貯蓄運動というのだって……農家から離れているわけである。また、農林中金の『貯蓄推進運動』という雑誌がある。あれは農協の論理としても貯蓄推進というのは、ちょっとおかしい。貯蓄などというものは、ほんとうに協同組合ということだけで考えれば、おき場所に困っている農家の人のお金というものを、みんなで金庫に入れておこう、金が足りない組合員があればその人のところにまわしましょうということだから、何もムリに推進してまでふやすことはないだろうと思うし、ある貯金は自然に貯蓄されているだろう。ただそれが、銀行に入れるよりは、こちらに入れたほうがお互いに役に立つからよいだろうという意味の運動のしかただと思う。掘じくりだすようにして貯金を集めるというのは……これは購買事業・販売事業のやり方と同じになる。また、販売事業のほうは、つくったものを売るということだから、これは購買にくらべれば罪は軽いと思うが……。購買・金融・共済に関していえば、徹底的に売れ、貯金をさせろ、掘り下げろ——これで、ジャーナリズムで独占資本といわれている全農などの中央組織の巨大な塔を農民がささえている——そういうしかけになっている。あの巨大さをみると私はもう絶望的な感じになる。こわすこともできないような気がするし、これを背負っているだけでみんなくたびれてしまうような感じの巨大なものができ上がってしまった。

だから、多少の批判力をもっているはずの中央会だが、これは県段階では経済連から、全中は全国連からというふうに金をもらっているから、これは全然発言権がない。ことに県段階の中央会の資金というのは全部経済連・信連・共済連からもらっている。単協からとっているというところはほとんどない。とれないのである。だから経済連の購買事業に対して、批判ができるはずがない。お金をもらっていて悪口をいっているのでは申し訳ないから……。

一つの運動の考え方として、せめて中央会は単協から会費を直接とれということである。中央会の会費を単協が払うということになると、いまの単協の財務構成ではむりだということになる。それなら、財務構成をかえて、組合員の人に納得してもらい、中央会が正しい批判ができるようにするために、負担金をとるなり、それがだめなら手数料を何パーセントかふやせばよい。それが、一度経済連などに吸い上げられてからこちらにくるために不純になるのであって、結局同じお金を組合員がだしているのであるから、その分は単協で振り分けて県中央会に直接納めるようにする。そうなれば、みんなワーッと県中に押しかけていって、県中から経済連や全国連を批判するということができるはずである。このくらいのことは実際にできそうな気がする。

そういうことをやっていくと、先ほどの共販・共選への批判の問題でも、あるていど中央会が発言できるだろう。いま全中が、共販・共選その他全農がやっていることについて、いささかの批判的な発言をしているかというと、少しもない。

なぜそうなのか、それは協同組合の仕組みからでてくる問題である。

特論　米の流通——その歴史と現代

米が運んでいるうちにコウジに

東北・北陸でできる米は軟質米、山陰の米は半硬質米、関東から西は硬質米。明治の終わりころまでは秋田・山形・新潟・会津くらいまでの米は全部大阪にまわっていた。西まわり（日本海）という。米というのは冬に運ぶもので、北の海が荒く、東まわりで運べるようになるのは鉄の船がはいってきてからのことである。

会津の米は阿賀野川を下って、途中で信濃川にはいり新潟港にいき、そこから一ヵ月も二ヵ月もかかってのぼっていった。だから、冬でもあまり乾燥がわるいと運んでいるうちにコウジになってしまう。これでだいぶ困っていた。

運ぶのに時間がかかるということもあるし、乾燥の技術というか収穫の時期がいまにくらべるとずうっと遅い。福井・新潟でも年を越してから乾燥していた。ところが年を越すとなかなか乾くような天候が少ない。

富山・石川・福井などではモミでもっていて、それをムシロに広げて乾かすというようなことをする。茨城・栃木でもそうだが通称ムシロ干しという方法である。はざ（架）かけやくい（杭）かけでは乾燥しきれないので脱穀しておいてモミ入れに入れておいて天気をみながらムシロを広げて干す。

それを長いことくりかえして乾燥していた。

そういったムシロ干しの慣習の強かったところではライスセンターの普及が早い。富山・福井、さらに島根・鳥取など。富山などは火力乾燥の発祥地みたいなところである。脱穀してから乾燥する慣習のあるところは火力乾燥にいってしまう傾向がある。茨城県もムシロ干しの慣習のあるところで火力乾燥は戦後になってからで、あまり普及していないが、島根・鳥取のほうでは戦前からある。

関西の人たちは軟質米をあまり好まない。軟質米は関東の人がわりと食べなれている。だから、新潟とか秋田・山形の米というのは大阪で積み替えられて東京にもってくる分がわりに多かった。大阪のおしずしというのは軟質米ではうまくつくれない。軟質米と硬質米の利用上のちがいは、硬質米のほうが粒がわりに大きくねばりは少ない。軟質米は小粒でねばりがつよい。おしずしを軟質米でつくるとぺっちゃりひっついてしまう。これでは、おしずしの生命である切り口に米粒のかたちがモザイクのようにみえなくなる。これは硬質米でないとダメなのである。軟質米でつくったのではイモようかんみたいになってしまう。

硬質米
軟質米

では硬質米でにぎりずしがつくれるかといえばうまくない。にぎるといってもプロのをみていると軽く瞬間的ににぎっている。軽くにぎっているのにつまんでもくずれない。これは軟質米が主体でねばりがあるからだ。だから関東の人は東北の米を好む傾向にある。食べ方からしてちがうのである。

ウナギでもそのことがいえる。関東のウナギは蒸してから焼く。なぜ蒸すかというとアブラをとるためとのこと。軟質米というのは米としてはしつこい、ねばりがあって香りもいくらか強い。だから上にのせるウナギもいくらかアブラを抜いておいたほうがいい。ところが大阪のウナギの食べ方はごってりしたやつを焼いて、アブラのジュクジュクしたのを食べる。これは米がさっぱりしているからである。

九州とか関西の農家の米の炊き方をみていると、ふいてくると棒みたいなものでそのアワをとりのぞいている。上のねばりにあたるものをすてているのである。ふきこぼしてフタをし、火をおとして蒸らすわけである。もともとねばりの少ない米をそうやってもっと少なくして食べる傾向があるのだ。ふきこぼしてはいけないというのが東京あたりでの年寄りの教えである。ふきこぼしてはねばりがなくなって米がまずくなるという。

これだけ大きなちがいがある。こういったところに米の性質がでている。関西の人が軟質米のことをいうときには、軟質米は腰が弱くて小粒でクズ米みたいだという。軟質米の産地の人や関東の人は、とんでもない関西の連中の食べている硬質米はパサパサして外米みたいだと互いにやりあう。

メシとおかず　こんなのは自分の好き嫌いでどうにもならないことなのだが、その食味し好の伝統というのが非常に強くからだにしみこんでいるのである。

だから、いろんな味のつけ方は米の質とのバランスでそれぞれちがうのではないかと思われる。それくらいに日本人の食う米は日本の米でなければだめだということもあるが、関西の人は硬質米でなければだめだ、関東の人は軟質米でなければならないというふうに消費地と産地も大きくいってふたつに分かれている。そういうちがいがあるのもおもしろいではないか。

大阪に行けば大阪らしいメシがあり、それにふさわしいオカズやウナギの焼き方があるということで、世の中が楽しくなるような気がする。だが、残念ながらいまは大阪市場にはいっている政府米の搬入量は、八五パーセントまでが軟質米なのである、少なくて八割くらい。つまり、関西の人もほとんど軟質米を食べている。硬質米はヤミ米でしか手にはいらない。だから、関西の人にとってはヤミ米とか自主流通米というのは非常に重要なのである。

関東の人は配給米でも軟質米である。ヤミ米も軟質米が主体なのでそういう意味から、ヤミ米、自主流通米のありがたみは関西とは少しちがう。

米に銘柄というのがあるが、昔は「名君のもとに悪米なし」ということをいわれていた。たとえば、宮城県の仙北（仙台を中心にして北）のほうの米を仙北米、もう少し古いいい方では本石米、もっと古くは御本石米といっていた。これは何かというと、伊達藩の殿様が厳密にきびしく農民を管理してつくりだした優れた米である、という意味で本石米、御本石米といういい方が明治・大正・昭和までつながっていたのである。現在通用することばでは仙北米というもの。

炊いてふえる米

仙南のいわきに近いほうでは様子がちがう。たとえば、昭和のはじめのことだが愛国という品種は北関東に適している品種だが、これが福島を通って仙南まではいっている。愛国はあまりうまくないのだが、たくさんとれてつくりやすい米、うまくはないが炊きぶえがするということで東京の低所得層（江東・深川など）の米屋さんに人気があった。だから、低所得層を対象にしている米屋さんは、同じ宮城米でも本石米といわれているものよりも仙南の愛国を好むといったことがあった。

いまは何んでもうまい米まずい米といっているが、昔はうまい米がよくてまずい米がだめだということではない。それぞれもっている特徴をいかしてそれにいちばん適した消費者に供給されていくという適材適所みたいなあてはめ方があった。いまの米のよいわるいというのは非常に単純で商品の流通を知らないいい方である。

どっちがいいとかわるいとかということはいえないわけである。これがいいという人にとってはそれがいいので、昔からそういった伝統のなかで暮している。そういうものは尊重してしかるべきであろう。

仙北米が本当によかったかといえば、これは食べた米の味がいいということよりは、選別・俵装がよかったこと、もうひとつは余マスが多かった。そのために、江戸から東京にかわっても（明治→昭和）商人に仙台の米はつくりがいいといわれた。つくりがいいというのは俵のつくりもしっかりしているので輸送中の欠損も少ない。ネズミに食われる量も少ない。乾燥もよいから目減りも少ない。その上に余マスが伊達藩以来領主の命令でかなりの量がきちんとはいっている。これを商人がよろこぶ。

米の「白上がり」

よろこぶのは実は商人なのである。小売商にとって何がその米の評価の基準になるかというと、「白上がり」。これはどれだけ白くなるかというのではなく、一俵の玄米からどれだけの白米がとれるかということ。搗精歩留りのわるい米でも、余マスがたくさんはいっていれば白米はよけいとれる。逆にどんなに搗精歩留りのよい米でも、余マスが少なかったり、精粒歩合がわるいと白米は少ない。だから、彼らは搗精歩留りというめんどうくさくて実用的でないことばは使わないのである。「白上がり」という一俵の玄米からどれだけの白米がとれるか、というのが問題なのである。

白上がりがよいとその産地はいい、その銘柄はいいという評価になる。そして、この銘柄はいいということになると市場で高く評価されるようになる。それが産地にきたりするとあそこの米はうまい、というふうに翻訳されていく。何がいいのかは商人ははっきりいわない。味がいいのか白上がりがいいのか、とにかくこの米はいいから高く買うという。

旭という品種が東海から西日本に圧倒的な、五〇パーセントという作付け率を占めたのは、チッソ肥料に強いというだけでなく、もうひとつの理由がある。それは、容積当たりの重量が大きいことである。かつてみたこともない品種といわれたぐらい容積重量の大きい品種である。

なぜ容積当たりの重量が大きいとよいのかというと、この旭がでてきた大正の終わりころに、関西にかぎらず大都市で小売をキログラム制に切りかえたからである。仕入れは容量、精米した白米は目方で売るのだから、仕入れた容量からでる白米は容量があるより目方の重いほうがよいということになる。旭という品種はかつてない容積重量の大きい品種であったから急速に値が上がったのである。

五〇銭格上げ

昭和にはいると、大阪の米穀取引所では、旭は五〇銭上げというふうに取引市場にあらわれ、このときはじめて品種銘柄というのがでてくる。現在、自主流通米の銘柄がどうだ、品種はどうといったように米というものが昔から品種でもって取り引きされてきているように思うようになっているが、実際に取引きのうえでこの品種は高い、この品種は安いといわれはじめたのは関西で旭がでた大正の終わりからである。どこの産地のものでもすべて旭は五〇銭上げであった。

それから銀坊主、これもいい品種で五〇銭の格上げに仲間入りをするようになる。東京の市場でそのように品種の格付けがされたのは陸羽一三二号。これは、だいたい五〇～六〇銭高であった。昭和五～一〇年くらいのころの話である。

大阪の市場にはいった米のうちいちばん格付けの高かった米はどこかというと、香川県・岡山県・宮城県・大阪府。古いことばでいうと香川の讃岐米、岡山の両備米（備前・備後両方をあわせて）、大阪は摂津米などが大阪市場で最高の値をだしていた。それに旭だと上のせ五〇銭ということになる。それに徳島の阿波米というのもよかった。

反対に値段の低い米は、島根県・鳥取県・石川県・福井県・新潟県である。あと秋田・青森・岩手の米は大阪の市場にほとんどはいらないから（統制経済にはいる前まで）格付けも事実上していない。

朝鮮の米

大阪市場には朝鮮の米もはいっている。昭和五年に大阪市場の入荷量で五五パーセントとたいへんな量であった。関西の人の食べている米の茶わんのなかの半分ぐらいが朝鮮の米ということになる。そんなにまずいものを食べていたのかといわれるかも知れないがさにあらず。大阪市場での朝鮮米の格付けは新潟米よりも高いのである。関西の各府県の下級のほうの米とだいたい一致していた。なぜならば、朝鮮米というのは硬質米に近い米だったからである。朝鮮旭とか銀坊主、玉錦など硬質米系の品種がつくられそれぞれがはいってきたのである。

台湾の米は安かった。南方系のうまくない米で、これは安かった。だから、台湾・朝鮮をひとくるみに見てはいけない。

朝鮮には日本から技術者が行って、日本風の米につくりかえたのである。日本の稲作というのは中国から朝鮮を通って朝鮮から教わったとも推測されるのだが、経済・軍事力で日本が優先したときには植民地にし、今度は逆に朝鮮人が食べている米をやめさせ、日本人向きの米を強制的につくらせてそれを日本にとりあげてきた。

そして日本にもってくる分のほかにあるていど残しておいて満蒙地方への侵略基地にした。日本の兵隊に食わせる米を大量に生産させ貯蔵しておくといった帝国主義的な目的がもうひとつにあった。地元の朝鮮人は自分たちのつくった米はほとんど食えないという状況にさせられる。彼らはヒエとかアワを食うというような徹底的な植民地政策がとられた。

その結果として、関西市場に大量の朝鮮米がはいってくるということになったのである。つまり、関西市場というのは朝鮮米とあわせてほとんど硬質米で満たされていたのである。

東京市場でいちばん格付けの高かった米というのは埼玉・茨城の米である。昔ふうにいうと武蔵米(埼玉)、これが取引き上の標準になっていた。それから茨城の三等米が東京の米穀取引き上の基準米に移る。それを基準に東北・北陸の軟質米が格付けされていくというかたちになる。茨城米を基準に五銭下げ、一〇銭下げというふうに府県別に下がっていく。

秋田であれば雄物川流域は秋田地回り米(秋田では中くらいの米)、内陸のほうは秋田仙北米(安い低位米)、それから特殊な米で本荘米があった。本荘米はずうっと昔から市場で注目されていた米である。本荘の米と山形の庄内の山居倉庫米とが匹敵する米であった。

駅や港の銘柄

本荘の米というのは鉄道が敷かれて、羽後本荘の駅から積みこまれた米である。ここから積むとみんな値段が高くなるというので、遠くの人たちも羽後本荘へもってきて積みこむわけである。そんなことから地元本荘の昔からの産地の連中が頭にきて、本モノとニセモノを区別しなくてはいけないということで「本本荘米」という名をつけたくらいである。

宮城の田尻米も田尻の倉庫に集まった米を駅から積みこんでいたが、これも遠くから大八車などでもってきたといわれる。

このように積みこみの駅や港でもって米の銘柄がつくられるばあいがたくさんある。しかし、讃岐とか摂津・備前・備後・越前・越後、あるいは本石米というのは昔の国で分けている。こういうのは国銘柄という。

積みだす場所で銘柄がつくようなものは輸送銘柄。もうひとつは倉庫銘柄、これは庄内の山居倉庫米とかである。庄内山居米券倉庫米（現在庄内経済連がもっている）がなんで評判になったかというと、農家や地主がもってきた米をみんな混ぜて、どの俵をとっても三等米なら三等米としてみな同じだということをやった。こうなると、東京から三等米一〇〇俵を注文するのにも現物をみなくても電報でまにあう。こういうのを混合調整という。

熊本では、肥後米券社というのがそれである。鳥取では鳥取奨恵社、宮城の田尻も米券倉庫。秋田東能代では榊村倉庫米といったぐあいに倉庫の名前をつけた銘柄になっている。これらはいずれもだいたい同じように混合調整をやって同質化している。乾燥もみんなよいし、検査も保管もきびしくやっている。したがって銘柄として非常に通りやすいわけである。

ふつうの商品の銘柄取引きを考えると、現物を見なくてもいいというのを銘柄取引きといっている。見本をみればよい、あるいはそのデーターだけをみればいいわけである。

見本取引き

毛糸を仕入れるときでも、色見本と太さの見本があって、Bの何番、いくら送れといえばまちがいなくこの色のこの太さのものを送ってくる。それが銘柄取引きである。

もうひとつ前の段階になると、見本取引き。そのなかからひとつまみだして見本をみる。全部を見ないで見本でこれならこの俵を買いましょうということになる。

その前が現物取引き。現物そのものをあけてみる。青果物の取引などはこれである。市場でもって現物をみんなみて買っている。取引きの形態はだいたい以上の三つがある。

ふつうの商品では銘柄取引きはいちばんすすんだ取引きだというふうにいわれている。そういうことで倉庫銘柄というのはいちばん信用できるものであって、近代になってずうっと注目されるようになる。それでは、こういう銘柄のついた米が味がよくて質がよかったのかというと、必ずしも味の問題ではないのである。

庄内にいくたびに友だちにつかまってメシを食べさせられる――うめえだろう、うめえだろう――と。あんまりうまいといわないもんだから、有名な料理屋にいって味噌つけて焼いたうまいおにぎりを食べさせ、うまいだろうという――うまいといえというのである。だからこのおにぎりはうまいといった。

メシのうまいまずいなんてことはそうかんたんにいえることではない。昔から庄内の米は高く買われてきたという伝統はあるけれども、私が調べたかぎりでは、味がいいかわるいかということでなく、味がふつうであっても乾燥もよく、余マスが一定にはいっているとかが市場での高い声価をつくりだしていくわけである。つまり、白上がりのよさ、それに信用である。

味のよしあしというのは商人のほうでもさまざまである。山形の尾花沢の米は非常にいいといわれてきたのは、冷や水がかりのところで農民が苦労してつくった、本当にコクのあるうまい米だといわれている。これは倉庫がなくても本当に質のよさで高い値で取引きされていた。量も少ない。しかし、一般に東京市場に大量に流れてくるもので高い格付けを得ている銘柄は本当をいえばそれは味の問題よりは白上がりとか俵装、信用度といった要素が強いのである。

米の銘柄のいまとむかし

もし、統制のない状態を想定したばあい、昔のように山居倉庫米が他を制圧することになるかといえば疑問だと思う。

ただ、昔の取引きの慣習というかイメージがあるからいくらかは強いかも知れない。その後、国営検査で検査がきびしくなったこと、乾燥——これは米のつくりが早くなったということによって乾燥のわるい米が非常に少なくなっていること。それにライスセンターとかカントリー、個別の人工乾燥などでその面の問題はなくなっていくだろう。調製の面でも個別の農家のもっている調製器具は同じようになっていって、あの家の米とこの家の米にこんなに差があるなんてことはない。

そういった事情でみると、かつて山居倉庫米とか肥後の米券社とかが苦労してやってきたようなことというものが、戦後今日までの間に各むらむらに普及していってそういうことがやられるようになってきている。ということになると米券倉庫のような抜きんでた特徴というものがあまり目立たなくなるであろう。

第四講

「むら」の歴史

第一章 「むら」のおいたち

一、原始時代から徳川時代まで

農村ができるそのでき方を、昔にさかのぼってみると——日本でも原始時代には高原居住をしていた人たちがいた。つまり、かなり標高の高いところに、カヤなどでつくった小屋みたいなものをつくってその中に暮している。採取・狩猟が中心。高いところになぜ住むかといえば、外敵をいち早く発見し、水害なども防ぐためだといわれている。

焼畑の村

これが、だんだん下におりてくる。山の中腹におりてきて、樹を切り倒し、かこいをつくり、枝やら葉やらを山のように積んで火をつけ燃やしてしまう。そしてそれを焼畑にする。日本でも東北や九州には昭和の時代まで焼畑がずいぶん残っていた。

焼畑をやっているうちに稲作がはいってくる。

稲作がはいってくると、もっと下におりてきて、最初は谷の沢で、水害があっても家が水びたしにならないようなところに小屋をつくり、集落をつくって、水がほどよく自然にたまりかけて、そこにちょっと手をほどこすと田んぼになるよう、沢の冷や水がかりのところで稲作をやる。

次男三男が湿地へ

ところが自然の状態の沢に少し手を加えたくらいの田んぼの面積には限界がある。焼畑も一緒にやっているが、集落ができ、人口がふえると、どうしても田んぼを広げなければならない。治水事業を行なう力がないから、下の平野部にさがることはできない。

ひとつは、もっと上に開くというやり方と、下の湿地帯に思い切って開くというやり方があるが、大家族制度で人口が過剰になり、ふくらみ切ってとうとうだめだということになると、分家として追いだされるようにしてでていく。これらは湿地——とても米などつくれないようなところに追いだされて、大きな家族の傍系の血族の、そのまた次男・三男というようなのが追いだされるようにして、下の湿地帯のところに集落をつくる。そしてたいへんな苦労をして田んぼを開いていく。これがいわゆる新田である。それに対して、もとの集落のほうを古田という。古田・新田というのは、田んぼが古い、新しいということだけではなくて、その田んぼを開いている集落を含めて古田・新田という。このようにして新田が開かれていくが、こういうところは生産力が非常に低いから大きな面積をもたなければならない。

ところが治水事業がすすんできて、もっと下手のほうにさらにまた新田ができるというように、下に下にすすんでくると、第一の新田のほうは逆に生産力がだんだん高まってきて、安定してくる。水の温度は古田よりも暖かいし、たびたび水害にあっていたけれども、治水事業ができるようになると、水害もないし、湿地でもなくなる。むしろ水害のおかげで土地が肥えている。しかも面積は古田よりも広い。分家のほうが経済力が強くなり、何代もたつと家も立派になって有力になってくる。古田のほうは家柄は古いが、古い小さな家だ。

神輿《みこし》をぬすむ

しかし、お宮などは古田のほうにある。殿様から代々許された、お宮を守る宮座の資格は古田の総本家のほうにある。その宮座から名主・庄屋をだす。そういうように家の格の高さで支配するしかない。暮しむきのほうは新田のほうがだんだんよくなっていく。それでも古田は、なかなかお宮を分けてくれない。茨城県のあるむらでの資料をみると、お祭のときに古田の青年たちがきて神輿をかつぎだそうとすると、神輿がない。どうしたのだろうと捜してみると、新田の連中が、夜中にひそかに神輿をかつぎだしてもっていってしまったという。それが代官所に訴えでられた。新田の連中のほうが飯も腹いっぱい食べているせいか、たくましくて、古田のほうでは力づくではとりかえせない。それで代官所に訴えでた。その訴えに対して、新田のほうは何とこたえたかというと、もうここは新田の集落ができてから、実は百何十年にもなる。だからこちら側の青年にも神輿をかつがせてくれてもいいじゃないか、それなのに祭となると古田のほうが完全に独占してしまって、かつがせてもくれない、と。

大阪の周辺のむらでは、徳川時代の終わりになって、新田のほうからも名主を立てたいということで代官所に訴えでた例がある。こちらのほうがはるかに経済的な力もあるし、この地域のためになっているし、よく勉強してすぐれた人材もいるのだ。古田のほうがすっかりおとろえてしまったのに、そちらからばかり名主をだしているというのは不公平であると訴えがでる。三年、五年、一〇年と、毎年のように訴えをつづけても代官所は訴えを聞き入れない。だが、最後に領主側がおれて、六年おきに、一回ごとの交代をせよというようなことになる。

徳川三〇〇年間に、どのくらいそれを主張しつづけたかわからないが、ようやく新田のほうから名主がでるようになった。そして現状でみると、その地域はすっかり都市化していて何もわからなくなってしまったが、一五年くらい昔の状態でみると、新田のほうが、家屋敷ははるかに立派だし、何もかも格が上になっていた。

分家仲間

いまでも「分家仲間」「別家仲間」ということばがある。何かあるとき分家の人は本家とのつながりを中心に動くけれども、こういうふうに集落の強いようなところでは、本家との関係はいろいろありながらも、それぞれちがう本家をもっている分家どおしが、分家として不満をもっているばあいに一種の分家集団を構成するわけだ。

宮城県の南郷というところでも、分家ばかりでできている田んぼ。それは泥炭土ばかりでできているようなわるいところだ。水もあとからまわってくるし、そういう人たちばかりが集まっている小さな集落が一つの部落の中にある。その人たちは、はじめは本家中心だったのだろうが、じきに本家に対して分家同士が団結する。戦後の供出割当ての問題などでも、その対立関係が非常に激しくなって、いまでも分家仲間と本家たちとの感情のもつれがほどけていない。分家たちと本家たち——先のお神輿の問題だって、一つ一つの分家はそれぞれ自分の本家というものをもっているのだが、分家の青年たちが一緒になって夜中に神輿をかついでもってきてしまうというのは、明らかに分家仲間意識である。その分家仲間というのは、ばあいによっては地主・小作関係みたいになって、階級関係みたいなものになったりするということもある。

集落というのは、日本のばあい、稲作ということがあって、湿地帯を徐々に開発していくという過程で、下へ下へと新田がつくられていく。ところが田んぼのばあい、もう一つ必要なのは水。そうするとどこから水をひいてくるかといえば、古田を通った水である。もう一つ、肥料用に草を刈ってきて田に敷きこまねばならない（刈り敷き）。ワラを使うのはもったいないので、草を牛にふみこませるわけだ。したがって草刈り場がついていなければ、田んぼだけあっても稲はつくれない。また農家の暮らしのほうもたたねばいけないので薪炭林が必要。そして屋根の材料にする萱刈り場。それに秣《まぐさ》場《ば》。こういうものを、古田は近くの山に与えられるが、新しくできた新田は遠くの不便なところに割当てられる。徳川時代になると、領主側が与えるわけだ。どのむらの草刈り場はどこ、薪炭林はどこという具合に……。

「山の口をひらく」

むらというものは、集落と水田と若干の畑、そしてこういう必需品をそのむらの面積と家数、人口に合わせてワンセットもっているものがむら。でなければ、むらは生きていけない。秀吉が刀狩りをして兵農分離をし、百姓専門の集落をつくり、農民に土地を与えて独立させるときに、それに必要なこれらのものをちゃんと与えている。

水のばあいには、河川灌漑というのは非常に少なく、沢水、溜池など水源は結局山。そして、その水を確保しつづけるために、その地域は水源涵養林として木を切らせない。それまでは農民が自然に求めて、お互いに集落の中で協定してつくり上げた慣習を、近世の施政者はそれを上から制度化してつくっていったわけだ。領主がこういうものをいきなりつくり上げたわけではない。農民が利用慣行をつくり上げたわけだ。屋根葺の講という形になることもある。草刈りにしても、むらの掟がある。

とにかくむらというのは、ワンセットで徳川の時代につくられ、それがずっと集落としてつづいてきた。草を刈りに山にはいるのでも、「山の口を開く」などという。たとえば五月何日に山の口を開くとかいう具合である。そのまえにはいることはできない。刈る鎌の形や刃渡り何寸という約束があるとか、山に馬をつれてはいってはいけないとか、背中に背負っておりられるだけの量でなくてはいけないとか、刈りだめしてあとからもってくるというのはいけないとか——地域によってさまざまだろうが、むらの約束ごとがあった。いまは山に草刈りにはいること自体やめてしまっているから、あまり重要な意味をもっていないかもしれないが……とにかくすぐれた知恵がみられる。たとえば、家族全部つれて背中に背負ってもてるだけのものを刈って帰ってくるというのなどは、やはり家族数が多ければ燃料もたくさんいるだろうというようなことかもしれない。

またすぐれた平等性ということに関しては、きだみのる氏が「にっぽん部落」に書いている。ただしそれは外から見た者がそう思うので、むらの中で暮らしているみなさんからみれば、そんなものかなあと思うかもしれない。

権力者が上から

そういうふうにできてきたむら、これはもとはといえば農民たちがつくり上げてきたむらであるが、徳川時代にはいわゆる「〇〇村」となる。つまり行政村である。そこに名主・庄屋をおく。私のいう「むら」というのは、共同体の意味である。つまり生産と生活を営むための共同の場としてのむら。そういう共同体を、徳川幕府は農民支配のひとつの単位として、そのまますぽっと掌握している。これはアジア諸国に割合共通しているらしく、支配者が共同体をまるごと上からとらえて、そして共同体を通じて民衆を支配する。

日本では、名主・庄屋を通じて農民を支配する。名主の下に五人組というようなものがあってその代表が組頭。そして名主・庄屋と組頭との間に百姓惣代がおかれているばあいがある。名主・庄屋がだいたい領主・代官所・奉行所などと直接連絡する窓口で、何かあると組頭を集めて連絡する。そういう支配の単位として共同体をスッポリとらえる。これが中世だともっと強い結合なのだが、徳川時代には農家はそれぞれ独立していて、独立した農家が共同体を自分たちでつくっている。それを上から支配する。

二、明治から昭和へ

行政村と部落

これが明治になると、どうなるかというと、名主制度は廃止され、そして小さな村はしだいに大きくまとめていく。はじめは戸長（これは名主をそのまま横すべりさせる）、そしてそれをすぐに、いくつかの共同体をまとめて規模を大きくし、村と称して村長をおく。そうなると村というのは行政村——つまり国家としての国民の掌握の単位を共同体の単位としないで、別の単位をつくって、そこに村長や町長をおいて、郡——県——国という官僚機構がたてにつながっていく。この行政村の中に共同体としての部落が一応隠れた形で包まれるというふうになる。昔は各共同体である旧来のむらを、領主は直接支配していたのだが、いまは行政村を通じて間接的に支配するという形になった。では共同体の運命はどうなっていくかというと、そのときの社会の仕組みの中で共同体はそれでも強力に存在していて、農村が地主制度のもとにおかれるようになると、共同体の支配者というのは今度は地主になっていく、地主が共同体の支配者になっていく。そういう傾向もある。共同体の支配者というものが入れ替わっていくわけだ。ただし、あまり強力な地主のいない地域では、共同体を直接に支配するものはなくなる。

そういうむらが、第二次大戦後どうなってきているかというのが、非常に問題になり、議論の対象になっている。

第二章　共同体の理論

一、共同体の歴史

長い人間の歴史を資本主義以前と以後に分けて、資本主義以前の社会の仕組みの基礎は共同体であるという理論がある。

共同体の分解ということ

共同体とはどういうものであるかという前に、日本でもアジアでも、どこの国に関しても封建的な仕組みの社会においては、人の生活と生産の仕方というものはすべて共同体であると、共同体の理論はまず一般的にいう。

共同体というのは長い歴史のなかで変化がある。

《原始共同体》　生活自体が原始的であり、生産力が低いために支配者は存在できない。みな働いて自分が食う分だけしかものを集めることができないからである。

《古代共同体》　まず最初は土地の全面的な共同所有。それからすこしずつ生産力が上がり部分的な耕地の私有がおきてくる。たとえば、菜園的な部分である。あとの耕地は共有で、放牧をはじめると、放牧地も共有。そういう共同体の所有の体系全体を専制君主が上から支配する。共同体の中でも強力な豪族的なものが支配する。すでに古代になると階級が発生する。

《ゲルマン共同体＝封建的共同体》　菜園は私有化、耕地も私有化、そして採草放牧地は共有という形。この私有は個人の自由な私有とはいえないが、共同体の中にその私有をだんだん強くしていって、人のものまでもって自分の農場経営をだんだん拡大していったり、人から羊の毛をかき集めて農村工業で加工をしたりするものがでてくると、これが資本家の芽生えということになる。こういう資本家の芽生えが、共同体の中にでてくると、共同体が分解してくる。共同体が分解してくるということは、市民（ブルジョアジー）がでてくるということである。それでブルジョア社会ができるというのである。そしてこの変革をブルジョア革命といっている。

市民社会

ブルジョアジーというのはふつう資本家の意味で使われるが、本来のブルジョアというのは市民という意味である。共同体がなくなって市民社会になると、資本家と労働者、農場経営者と農業労働者というふうに分かれていく。そこで近代における資本家と労働者の階級関係ができる。労働者も市民なのであるが、やがて金持ちになり、労働者を搾取する資本家のほうをもっぱらブルジョアというようになった。その過程はよくわからないが、資本家たちが「本当の市民というのはわれわれのことなので、労働者は市民ではない」という考え方をだしていって、市民（ブルジョア）という肩書きを独占してしまったからだと説明する人もいる。

共同体がくずれるということが市民社会をつくること。市民社会の実際の仕組みは資本主義社会、経済学的にはこういう市民社会というい方、説明の仕方はしない。しかし社会の組立ての移り変わりの点でいうと、共同体社会から市民社会に移り変わる。即ち市民社会というと完全な自由。土地であろうが機械であろうが、農具であろうが、何でも完全に自分の私有物にできるようになると、所有する力の強い人がよりたくさんのものを私有する。とりわけ生産手段である土地・機械・家畜などを私有していく。

これは、日本の農村についてはそのままあてはまらない。しかし、共同体の理論というのは、おおむねこういうふうに理解されている。

自然からの脱出

この流れにそってもう一つ大切なことをいっておきたい。これも日常生活からいうとどうでもよいようなことであるが——。

原始社会の時代というのは、人間は自然の中に埋没している。自然というのを、よく別のことばで「母なる大地」というい方をする。この母なる大地の懐にいだかれている状態から人間が脱出していく過程が、人間の成長、人類の発展の過程。それは一面では共同体が共同体として独自な発展をしていく過程で、人間が母なる大地の懐から完全に脱けでるときは何かというと、工業を自然の中からひきだし、自然生的なものから独立させるとき、私流にいうならば工業を農業から独立させたときでもある。それが同時に共同体の解体を意味する。自然生からの脱出成功＝工業の成立。

工業の世界がつくりだされていくということは、共同体と一緒にいられないということ。共同体がなくなるということが、本格的な工業ができるということでもある。そして、市民社会ができるということ。

それではそのばあい農業のほうはどうかというと、依然として母なる大地の懐から完全に脱出しきれない。また脱出しうるのかどうかも疑問である。そこのところに、農業の分野では共同体が完全にはなくなりきらない大きな理由がある、ということになりそうである。

二、共同体の解体と農民

タバコをきざむ

工業というものは、もとはといえば農業からでている。鉄工業というのも鍛冶屋さんみたいなものからはじまるが、ああいうものはやはり農具つくりが最初である。農業に必要な道具をつくる、農産物を加工する道具をつくる――これを農業のつづきとして、つまり棉がとれた、それを自分の家でつむいで糸にして機で織る。あるいは羊の毛を切って糸により上げて、それでホームスパンなどのような粗い織物をつくる。このように、人間が生きるということと畑からものをとったということとの間に加工が必要なばあいは自分の手で糸をよったり機《はた》を織ったりして自分が着たり、あるいはタバコを自分できざんでというように、母なる大地が供給したものと自分との間にひとつ、そういう加工というものを入れなければならないものがある。そのまま利用できるものもあるが、その加工する部門というのは農業の一部分ではあるが、それを加工しはじめるあたりから徐々に、完全に母なる大地がやっている仕事ではなくなる。完全に切れてはいないのだが少し質のちがう人手の加え方というものがでてくる。

それが今度は、都市ができ商人がでてくると、そういう連中は農業をやっていないから、農産物を加工したものを町にもっていって、それを売るとか買うとかして使用するわけだから、そういうものを加工する部門というのがだんだんに盛んになってくる。そうすると、農家の人が他人のために加工するということがでてくる。その量がだんだんふえてくると、農家の人がやるのではなくて、農業をやめた人とか商売人のような人が、みんなから棉をかき集めて、自分で機をもって織るとか、また農家に機織《はたお》りを下請けさせるとかいうふうに、大地から、自然生的なものから少しずつ離れていく。母なる大地からの離脱というのはそういう形ですすんでいく。

鍛冶屋から工業へ

そうすると機が必要になるから、機を織る機械には金属が必要。そうすると金属をつくることが必要になる。いままで機のある部分にしか鉄を使っていなかったものが、回転する部分の輪だの歯車だのにも使われるようになり、金属工業（これはもはや農業ではない）が独自に発展していく。その紡績や機織りの機械をつくるのも、もはや村の鍛冶屋さんでは間に合わなくなって、専門の工場が必要になってくる。その工場というのは農業とは全く無縁。だから機械をつくる工場には旋盤があって、その旋盤でやる機械工場をみると、もう農業とは全然縁がないじゃないかということになる。

そちらがますます膨張してくると、工業というものが農業とは全く無縁に、何か突然にでてきて存在しているような気がするが、やはり農業の中からだんだん離れていったものである。だが、そういうふうに発展して機械工業、鉄工業、銅・アルミニウム工業、そしてとうとう化学工業がでてくるとなると、こういう工業は完全に大地から離脱したという感じになる。工業というのは、農業がうみおとした子供にすぎないが、その子供があまりにも急激に巨大に成長するものだから（ことに日本のようなばあい、工業の成長があまりにも巨大なものだから）、いつのまにか工業のほうが主人公であるかのような気がしてしまうが、もとはといえば、農業の中からだんだん離脱していったものである。そういうことが日本よりも先にヨーロッパの諸国で行なわれたし、日本でも行なわれた。

工業は資本に

そういう離脱が行なわれ、工業が急激に成長していくということは――工業というものは、個々の農家で機を織り、商人がそれを買い集めるという形から、その商人が一ヵ所に労働者・農民を集めて大規模に機織りさせるとなると、工場の施設というものを商人がもつ、つまりそこに資本家の最初の形がでてくる。そして、いままで個々の農家が機という生産手段をもっていたものが、今度は特定の商人あるいは資本家が握るようになる。そういうわけで工業の発達と、資本家ができるということはどうしても切り離せない。

工業というものは、機械をたくさん集め、一ヵ所により大きな機械をという形でどんどん伸びていく性質のものであって、それを農民や労働者がみんなでもっているという状態ではなくて、特定の資本家や商人が私的に所有するという関係ができ上がっていく。その関係ができ上がっていけば——共同体とはその中に多少大小はあっても、基本は共同で生産や生活を行ない、守り合うということであるから——共同体は成り立たない。成り立たないから共同体は解体してしまう。都市的な工業のほうには共同体はない。だいたいそういうふうに道筋がなっていく。

そういう工業がおきるというのは、一人の商人や資本家が大きな工場に機織機《はたおりき》やら、機械やらをどんどん集めるということになるとどうしても小さな農民や個人ではできない。どうしても資本家がそれに投資するということになり、どんどん膨張していくが、それは同時に労働者が必要になるということでもある。

羊が人を食う

そのときに農民が以前と同じ状態では労働者がでてこないから、工業は本当は成立しないはずだ。そのへんはどうなっているかというと、ヨーロッパ諸国では農民を農地から追いだすということが併行して行なわれる。これを囲込《かこいこ》み運動という。広い土地に柵で囲って農民を追いだす。だれが追いだすかというと、貴族がたくさん土地をもっていて追いだすばあいもあるし、商人が貴族や貧乏な農民から土地を買い集めて、もった土地から農民を追いだすというばあいもある。なぜ囲込みを行なったかというと、ここに羊を飼うためである。だから、イギリスの詩集に「羊が人を食う」ということばがある。羊を飼うというのは羊毛をとって毛織物をつくるためである。片一方では羊毛工業がおきている。農村では麦も何もつくらなくなって、羊を大量に飼う。羊が農民を大量に追いだして、その農民は毛織物工場に行って働くという関係ができ上がっていく。

イギリスのばあいでは、農村のほうでも共同体がくずれるわけである。共同体をつくっていた小さな農民たちが、丸ごと追いだされてしまうのだから。そして浮浪者取締りの法律などいろいろあって、囲込みで家を追いだされた農民が、そのへんでウロウロして雇い人なしの状態でいると、背中を一〇〇回ムチでたたかれるとか、監獄にほうりこまれるとか、人によってはそれだけで死刑にあうとか——実に残酷なことがイギリスでは行なわれていって産業革命ができていく。つまり土地を追いだされたものは、雇主をみつけて即座に工場地帯に行って雇われねばならない。そのへんでウロウロ乞食みたいなことはしていられない。そういうふうにして、村での共同体はくずれ、一方都市には資本主義がおきていく。

同じヨーロッパでもドイツやフランスでは、それほど徹底的な囲込みはなされず、したがって農村部の共同体の解体というのは行なわれない。だからいまでもドイツではゲマインデ、フランスでいえばコンミューンという共同体的なものが残っている。完全には解体してしまってはいない。

三、市民と農民

人が多くなり

市民というものは、自分の郷里をもっていないということが一つの条件だと思う。つまり、郷里であるべき共同体が解体してしまっている。そういうものが市民。ところが共同体が解体していないのに、共同体から外にでていく人がいる。日本の徳川時代だって、城下町に行っている人というのは、共同体が農村部にありながら外にでていっている。こういう、共同体社会の中から外にでていく人たちが集まるところは、社会的真空地帯ともいわれる。共同体がその社会の主体であって、共同体でない部分というのはあき地みたいなもの。そこに共同体から押しだされていったもの、はみでていったもの、あるいは自分の意志ででていったものが暮らしている。これは一種の余りもの、はみだしもの。

日本という国では共同体の解体が行なわれなかった。部落がそれである。明治になっても解体が行なわれないままに、都市の工業地帯にどんどん民衆がでていく。農家の次男・三男がでていく。これはつまり共同体から社会的真空地帯に押しだされてきたもの、あるいはひっぱり込まれたもの、いろいろある。人買いみたいな工場の労働者斡旋人にだまされるようにして連れられてきて、気がついてみたら親が一〇円もらっていたとか。それで一年間ただで働かねばならないとか、いろいろある。ことに貧農の次男・三男とか娘とかいう人たちは、部落の中であるいは家の中で暮らすというのにはいさきか人が多すぎるという状態と外からひっぱる力と両方が作用して人がでていく。もとの共同体が解体しないままで、こういう状況が今日まできていて、都市・工業地帯というものが拡大してきている。

寺山修司という青森県出身の詩人がいっている——新宿や渋谷が好きだ、東京の人間は、あらましむらからはみでてきた田舎の人間で、市民らしくない都市の人間という点に愛着を感じるんだと。

はみだし

いまあまりにも都市・工業・労働者たちが膨大に膨張してしまったために、そちらのほうが主人公のような感じがするが、これは共同体が解体して、全面的に流れていったのではなくて、少しずつはみだすようにして押しだされていき、ひっぱりだされていったものが、都市人口である。これはとても不思議な現象、つまり本来ならば工業が発達しにくい状態である。共同体が解体しないのだから、労働者を吸いだしにくいはずだが、日本の過去のばあいを見ていくと、そのかわり農村の貧困ということがあるから、貧困が次三男や女子を追いだすということで、労働力を充分に供給することができた。

現代の出稼ぎということは、どういうことなのだろうか。貧困からでてくる面と、いままで論じられていたようないろいろな事情から農業に働く場所がなくなって外にでていく面と、両方がある。

特論　部落と農家

一、部落の存在

小農あるかぎり

いまの政府の農政、あるいは大部分の学者にしても、要するに近代化・企業化という主義である。彼らにとっていまの共同体＝むらというものは近代化にとって邪魔であって、これは早く解体させなければならない、部落を近代化するということをしきりにいう。部落のようなものがあるから規模拡大もすすまないとか、部落のようなものがあるから、農家が挙家離村して都会にでてこないとか。だから戸数が減らないんだとか。こういう考え方が国の政策のほうでは非常に一貫して、ことに基本法がでたあたりから、近代化路線がはっきりだされたころから一貫してできている。

それでは政府に対して批判的なほうはどうかというと、マルクス主義経済学者農民史家である私も歴史の方法論はマルクスに発しているのだが、反体制というか、体制を批判する側の農業問題論者というものは非常に多いが、彼らもまた一般的には、共同体＝むらというものを早く解体させなければならないという主張・考え方である。

日本でのマルクス主義的な農業問題の理屈というのは——目標とするところは社会主義的な経済であり社会であるが、この社会主義的な経済に到達するためには、資本主義というものを経なくてはならない。資本主義を経るということは、いまのような日本の農村を解体させて、農業資本家と農業労働者というふうな関係にすすむ——つまり大農経営。そういう方向での過程を経ないと社会主義社会ができないというものの考え方である。いい方の強い弱いはあるし、口にはださないかもしれないが、根底的にはそういう観念がある。だから、部落つまり共同体というのは、非常に封建的で、古くて、間違っていて、進歩をおくらせているものだ——こういうむらというものに対する非難は、体制の側からも反体制の側からもでている。

私はかねがねそれには疑問をもっていたのだが、最近共同体の理論の論争の分野で、新しい議論が展開されている、たいへん面白いが、今回はそこまではつっこまない。

アジアとか日本に小農的な農業が存在している。この小農的農業というのは、むらの共同体的な結合なしには、存在しないのではないかと思う。共同体というのは、人がえらんで共同体をつくっているわけではなくて、自然に共同体的なものがある。いままで古代からみてきたような共同所有的なものは非常に少なくなっているが、いま実際に農業で直接の働きをもっている共同体的なものというのはまず水。この水の共同所有的な性質というものは、小農制がくずれないかぎり決してなくならないと思う。その共同体というのは、これまであったむら＝部落と同じ形で水を管理しているとは限らないが、いかに土地改良区が大規模化しても、やはり最末端の中小の用排水路の水をどうするか……となれば、やはり部落がでてくる。

早い話が、田植機に切り替わっていく。そうすると、水をかける時期をきり上げなければならない。それはいったい何月何日からやっていったらいいだろう。それは稚苗育成の状態と関係がある。その稚苗も個別にやっているばあいは、みんなの状況をきかなければならない。集団でやっているばあい、農協でやっているばあい……いろんなことがある。こういうものというのは結局、部落の人に集まってもらって話を聞いていかなければならない。そして、それで具体的に何日からどの水路に、この部落では稚苗植えはしないから従来どおり何月何日でよい、という具合に、きめの細かいものになってくれば、やはり部落単位でみんなが話し合っていかねばならない。水だけは私有化できない。

部落的に

だがよく考えてみると、これは水だけの問題ではなくて、日常生活のうえで部落が果たしている役割というのは実はたくさんあるように思う。集落の中で生活をし、生産していれば、通る道一つ、その道に生えている草一つ、すべてこれはお互い共同の問題で、よく調べてみると何かにつけて部落的に処理されている。しかし、農家の人たちは、日常そういうものを感じない――これはとくに部落のどうだのと。はたからわれわれがそれをみるから、これはやはり部落のこととしてちゃんと処理されているなあということを感じる。道を補修するとか、農道をどうするとかというのは、全部部落の共通の利害関係として処理されている。共同田植え、共同防除など生産のために、いろんな試みがなされているが、それらが部落のわくをこわして共同防除の組織をつくるほうがよいとやりはじめる。しばらくやっているうちに、やはり部落の単位を一単位とし、それの連合とか共同という形でやっていったほうがよいというように戻っていくばあいが非常に多い。

農業法人や集団栽培などでも、部落の境にはもう意味がないというので、部落をまたにかけてこの部落四人、あの部落三人という具合につくっていくと支障がおきてくる。法人をつくるならやはり部落の中の賛成者何人かでやったほうがいいなというばあいが多い。

いろいろずっと述べてきたが、生産とか生活の面で部落の果たしている役割は非常に大きい。ひとつずつとり上げるとみな弱まっているようにみえるが、それを総合してみると何かの力になっている。ふだんはあまり感じないが、それに反した政策なり何なりをやろうとすると、やはりこれがないと不便だなということがおきてくる。

生産と生活を守る

ある農協の例でいえば、稲作の集団栽培。これもはじめは部落の枠というものをこわして、集団栽培組合を水系と共同防除その他のやりよさという点から、属地的に区画分けした。田んぼ区画を図面の上で、一つの部落を九つなら九つに分けてやっていった。一人の人の田んぼが、あちこち各班に属してしまったりして、やはりだめだということになった。そこで集団栽培はあきらめずに、編成を全部、村を基礎単位につくりかえて、四年五年とつづいている。それがずっと広がっていって、全村全部落集団栽培になっている。基礎はやはり部落。

共同体というものはいつも脚をひっぱりマイナスのものだというものではなくて、小農制における小農の生産と生活・経済——これを守っていくものだと思う。ただ守っている組織といっても、その守り方というのは非常に微妙で、あるばあいにはやはり共同体の一種の目に見えぬ掟みたいなものがあるような気がする。都会の近くのむらでは、住宅がどんどんできていくといったような形でくずれかかっていたり、くずれてしまったり、非常に弱まっているが、かなり純粋な農村では、たとえ都会への通勤者がたくさんあっても、部落独自の原理がちゃんと生きている。

二、部落の価値

部落の力

これはみなさん方とても承服しがたい原理かもしれないが、——部落には、所有（経営）規模を常に平準化するはたらきがある。具体的にいえば、その地域がだいたい一・五町平均だったとする。そうすると、五年一〇年、あるいは一代二代という長い流れのなかで一・五町なら一・五町に平準化するということである。

中国の老子に「小国寡民」というのがある。老子というのは社会風刺で知られた中国の古典哲学者であるが、老子は、人間が幸せに暮らすには国は小さいほどよい、そして人数も少ないほうがよいという。中国は長い戦乱の続いた国で、そのなかで現実にはそういうものはなかなか実現しないのだが、大きくつよい国というものの弊害を説く。面白いことには、約二五〇〇年も前に、そのころから現代をとてもよく風刺している。それは現代の大国主義をすでに予想し、批判しているということだ。

これは国についてであって、部落というものにすぐにあてはまるというわけではないが、現代、市町村を合併して規模を大きくしているが部落というものを大きくしようという話は聞いたことがない。部落というのは大きくしようとか小さくしようとか考える対象ではないというふうに部落のなかの人は思っているのではないか。部落というのは、そういうものではないかと思う。

都市化の波のなかで、だれかの土地を分譲したりボーリング場ができたりということがあるが、そういう外からの影響で崩れていくことがある。それに対抗して、積極的に防ぎとめるような働きというのは部落はあまりやらない。外の力に対しては強い面と弱い面があるようで、なされるがままという面もあるようだ。部落共同で闘おうというようなことは、実際にはあまりないような気がするが、部落の規模について、小さくしようという人もなければ大きくしようという人もいない、これでいいのだと――この感覚を国家がもっていたとしたら、世の中というのはずいぶん平和になると思う。たくさん子供をうんで人口をのばして兵力を増すとか経済力を増して、第一等国になろうかということをだれも考えないとすれば、あるがままの姿でいいのだということになれば、世の中とても平和で、それでもちゃんと進歩すると思う。部落はそれをちゃんとやっている。

息子への親の義務

ただし部落には矛盾がある。その矛盾は何かというと、部落の名においてやっているわけではないが、やはり部落の一定の集落をつくっている住宅地があり、そのまわりに農地がある。三〇戸の部落で五〇ヘクタールあるかもしれない、そうすると五〇ヘクタールの土地で農業をやって生きていくためには、その土地の土地柄からいって農家としては三〇戸以上あってはまずい。だれもそういうふうに口にだして決めるわけではない。これは見えない法則のように思うが……。そして家数というのはときどきふえるが、長い年月のあいだにはだいたい同じくらいの戸数にもどっている。ある一〇年二〇年という期間ではふえたなという感じがしても、しばらくしてみるとどこかほかのところで小さな農家が農業をやめて外にでていくとかいうことがあったりするかもしれない。それは、規模の平準化という働きと強く関係している。だれも規模を平準化しようなどと考えているわけではないが、いろいろな部落でいろいろなことを調べてみると、二町歩経営していた人が非常な努力をして、五年、一〇年、一五年頑張って五町歩に拡大するということがあちこちにある。政府の施策もあって、五町歩にそういう家がなったときには、ほとんど息が切れているのだが……とにかくある。

東北の人の例では、五五才くらいの人だが、とうとうやっと五町歩にした。自分の目標はここにあるのだ。それは決して自分のためではなくて息子のためなのだ。この土地を五町歩にするということで、息子に対する親としての男としての義務は果たせた。したがって、これでおれは安心して死ねるはずだったのだが、実は考えてみるとまだ死ねないということがわかった。というのは、そうするためにつくった借金が一五〇〇万円か二〇〇〇万円ある。これを残して死んだのでは、土地を息子に残して死んだことにはならないから、この借金を全部返済してから死ななければならない。あと一〇年か一五年頑張らねばという。ふつうなら、この歳で隠居するのだが、その借金を返すためにあと一〇年か一五年働きつづけます——このようにいっていた人がいた。

五町を目標に

秋田のある人はもう少し若い年代の人で、五町歩を目標にして、いま四町強にしている。その人がいうには「先生、土地を拡大するということは危険なことです」。非常に有能な人で大規模・機械化体系ということで天皇賞までもらったような人である。その人は規模拡大に一応邁進しているのだが、これは一つ失敗すれば破綻するといっていた。非常に危ないぎりぎりのところで規模拡大をしている。

そういう人の話や、そのむらの人たちの話をずっと聞いていくと、むらの中に過去にもそういう人はたくさんいるわけだ。だがその人が四町歩くらいを達成すると、その次の代に移り変わるときに、つまり世代の交代のときに、五人子供がいれば少なくともそのうちの二人くらいは、土地の分割を要求するか、一人が町にでるとしても、土地を売って町で独立できるだけの金をくれというように要求するという。

たとえば、五人男の子供がいて、そのうち四人全部が私たちの土地はいらないから、長男が全部継いで立派にうちの家業を続けてくださいというような心掛けというのは、たまにはあってもどこのうちでもというわけにはいかない。それで四人のうち一人がそういうことをいいだすと、じゃ私も、じゃ私もということになる。

ある家では、長男が農業がいやになったからといって都会にでた。よそで嫁さんをもらった。長男がでたのだから、次男にあとを継がせたのだが、まだお父さん、お母さんは生きているのだけれども、ある日突然長男が里に帰ってきて、次男にむかって曰《いわ》く。おれは都会でお父さん、お母さんのめんどうをみて暮しているのだ。なのに、六畳と三畳のアパートでやっと暮らしている。これはあまりにも不合理ではないか。だからむこうに土地を買って家を建てるだけの金をよこせ。そして約半分くらいの土地を一度にバッと処分させて、それを金にしてもっていく。処分した土地——それは今度はちがう規模拡大をしようとしている人のところにいってしまう。だがその人が一生懸命頑張って努力しても、こんないい方をするとたいへん失礼だが、やがていつかの世代交代のときに、再び分割され処分されていくということがまたなされるのではないか——そういうことを強く感じさせる事例があまりにも多い。

世代交代がおきて

これは別に部落が決めてやっていることではない。むしろ家庭の中での問題である。そういうふうにして、部落の中の規模・その他を調整するような目に見えない一定の法則というものが、これはだれがやっているということではないが、一定の法則性みたいなものである。

だから、たとえば一・五町くらいが平均的で、このくらいなければ食えないというようなところでは、世代交代がおきたばあい、長男があとを継ぐ、では次男・三男が土地を半分よこせというだろうか――よほどのことがなければいわないわけだ。それをやったらその家はもうつぶれてしまうから。半分もっていって、七反で農業をやれといったって長男はやれない。これを強力に要求すれば喧嘩になるか二人とも農業をやめるかということになる。そういうケースもないわけではないようだが、概していえば次男・三男はがまんする。

都会だって同じだろうと思うと、さにあらず。都会では親が一〇万円残して死んだって、二人の子供は五万円ずつにそれを分けてもっていく。ほんのわずかだから、長男にやるとは都会ではいわない。必要がない。ところが農村では、一町の土地だって親が死んだら半分わけにしましょうということになると、それは家がつぶれるということだから、次男のほうが遠慮する。

農村の家庭というのは、やはり家族そのものが共同体なのである。ここが都会とちがうところだ。そして余計にふえたものは外にでていく。外にでていくときに、もっていくことができるものはお金にしてもっていくか、分家して別に農家として独立するか――こういうことがあっていいのだが、そうやって生産のスケールというものを、いつも一定の大きさに守りつづける。そういう働きが絶えず行なわれている。それがいいとかわるいとかいうことではなく、現実そういう感じがしてならない。

農民層分解

それだけの理由ではないが、「農民層分解論」というのがあるが、これを日本で適用することには私はあまり賛成しない。理論家や学者や農林省、農政担当者、あるいは農協の人などいろいろな人が農民層分解をさかんに論じるが、私は農民層分解というのは、こういう共同体社会ではおきないと思う。統計的にある時点をみると、大きな規模の人が急に一つの村でふえたりすることはあるだろう。しかしそれはしばらくたって、何十年先かわからない――世代交代などいろいろな中でまた流されていってしまう。そのある一つの年だけをとらえて、五町層がふえた、小さなほうもふえた――だから農民層が大きいほうと小さいほうに分解したといって喜んでいたって、そんなことはたいして意味のないことだと思う。

本当の農民層分解とはどういうものかといえば、一方ではどんどん大規模なものが、五町から一〇町、三〇町と広がり、一方で五戸、一〇戸としだいに土地を失って農業労働者になるか工場労働者になるかして、ずっと継続して広がっていく。そういうものが農民層分解である。農民層分解の形はいろいろあるが、どうも日本で農民層分解といえば、重箱の隅をつっつくように小さな数字をみて、あっちがふえたこっちがふえたとやっている。それで農業や農民がよくなるかといえば、ちっともよいことはない。

そういう農民層分解論というものを批判することは、学問の世界では非常に危険に満ちたことである。発言権を奪われるほどにこわいことなのだが、ここで農家のみなさんにどういうことをいったからといって、おこられることはあっても、発言権を奪われることはないだろう。農民層分解を期待するのは何かというと、先ほど述べたように、資本家と労働者をつくっていってそれでもって社会を変革させていこうということだ。

マルクス主義経済学のほうでは、マルクスのほかに、レーニンという理論家がいる。彼は共同体社会というものを一度崩してつぎの社会をつくるという。でき上がった社会というのは、ちょうどらせん階段を上がるように、共同体は一度崩れ、また共同体みたいなものができるという。そうであれば、この共同体社会を崩すということを必ずしも考えなくても、らせん階段で元のところにもどる、もどるけれどもらせんだから、より発展したところにもどる。そういうところへ、共同体のままの状態ですすんでいくことは可能ではないか。しかも、共同体を崩すということはだれかを非常に不幸にするということである。かんたんにいうと。土地を失って、路頭に迷うか、どこか外にでていかねばならない人をつくるのだから……。そう私は思う。

そういう道を求めるのではなくて、共同体というものが小農を守る組織として働いているということを前提にして、これを悪として考えることをやめにし、共同体のもっているよい点を伸ばし、わるい点があれば、それはみんなで話し合ってなるべくなおしていくというふうにしていく。そのように共同体を生かしていくということのほうが、プラスが多いのではないか。

部落からみる協同組合

先ほどの農協の問題でも、農協というのは組合員が直接結びついて発言するというようなことより、古いことをいうようだが、共同体という単位が、協同組合の一番大事な基礎単位であって、そこで充分に討議され、でてきた要求が協同組合にもちこまれることが望ましい。そうすれば、そこでは、あの部落、この部落という対立関係がでてくるかもしれない。だがでてきたら、それはその場で話し合うということだと思う。どうもいきなり、協同組合という五〇〇人、一〇〇〇人あるいはもっと多いという場面に個々の農家が結びつくような組織のあり方は問題のように思う。組織的には部落の組合というものがあって、会合・寄合いをやっているが、しかし農協をどうするかなどといったようなことを、部落で話し合うということは、私の知っている限りでは非常に少ない。農協から参事が行きますと連絡のあるようなときは、何か伝達とか貯蓄推進だとか、何か上からもってくるようなときだけやってくる。部落で協同組合について自由に発言させ、そこで決まった方針をずっと総合して、それが協同組合の方針になる——いや本当は部落そのものが協同組合だ。そしてそのお手伝いを農協の事務所がやるというくらいの気持ちに農協がなっていって、これを下へ下へとできるだけ基礎的なところ、低いところにもっていく。そういう意味で協同組合についても、いろんな面でいっても部落というものは社会の錘りであって、一番重みをもたせなくてはいけない。農協が部落を軽視するのはやめたほうがよいし、下部組織として上から使っていこうという考え方もやめたほうがよい。

第五講

農業の本質

第一章　自然観と農家

自然を愛する

農業というものは、人間が自然の営みを生産にすることだと思う。自然の営みそのままであれば、それは生産ということにならないが、それに人間の手を加えて生産にする。農業から工業というものがはじめは子供のように分かれていって、そのうちそちらのほうがだんだん大きくなってきた。しかし、もとの農業ではやはり自然の営み、植物が育つ、それが生殖機能で実をつける、その成果をとる、あるいはその途中で葉を収穫するとか——いろいろの形はあるが、作物では、種から生えてつぎに種をおとすまでの一生の過程であるし、鶏が卵をうむのも、牛が牛乳をだすのも、これらすべて大部分が生殖に関係がある。もともと肉をとるものでは、生殖というよりは生育過程であるが……。しかし、いずれにしても、もとは自然にある植物や動物——その中の一つの仲間であった人間が、そこから離れてそれを生産の対象にするということなのである。

このときに、例の自然と人間ということに関して、一つ念頭においてほしい私の考えは、自然の営みを活用して生産とするというふうに人間がなったときには、人間は自然を人間の対立物にしているということ——対立物というと敵のようにもきこえるが、敵として相手にしているということではなくて、どちらかといえば自分とは相いれないものとしてはっきり対置している。自分が自然の営みをもってものをつくり、そこからものを収穫するということは、自分のためにそれを利用するということだから、そういう意味で対立物である。

寒ければ服を

自然保護は農家の役目だということを都会の人がいったりするが、農業は自然を守るためにあるのではないし、農業の論理の中からは自然を愛するという理念はでてこない。これは何も農業だけではなくて、すべてそうだと思う。表現として自然を愛する、自然はいいなあというのはよいのだが、厳しく考えていったときに、人間が自然を愛するなどというときはそこにはうそがあるように思う。なぜならば、人間は自然を対立物とし、それを利用したり敵として闘ったりすることによって、自分の存在価値を示している。

自分が自然とちがったものであり、人間として他の自然生的なすべてのものより、すぐれてもいるし弱いということ。どんな一匹のミミズにしても魚にしても、素手で自分を守り、だめなときは死んでしまうが、人間というものだけはあらゆる道具や知識や手段を弄して自分を守る。寒ければ服をつくるとか、川に土手をつくって水害でやられないようにするとか、いろいろな方法で自分の命を守るという面でいえば、人間というものは自然界の中で一番だらしのないものだと思う。一番知恵があるということは、一方からいえば一番だらしがないということである。

自然に恵まれて

日本とヨーロッパをくらべてみると、ヨーロッパ人は自然を愛している。ヨーロッパは緑におおわれ、河は美しく、湖はきれいで、だれもこれをよごそうとはしないし、やたらに樹を切り倒したりしない。樹を一本切り倒したら二本植えろ(自分の林でも)という厳しい法律をもっている国もある。だから緑が絶えない。現実にその美しさは日本と比較にならないくらいだが、これは彼らが自然を愛しているからではなく、そういう形で自然を調整することによって人間がようやく生きていくことができるという厳しさの中でなされていることなのだ。つまり自然を対立物として強く認識しているからなのである。

その点の認識は日本では非常に弱いわけである。それは、徳川時代に外国からやってきたゴンチャロフの話でも、アメリカからきたペリーなどの話でも、はじめて日本をみた外国人の書いた記録によると、日本は気候がよくて非常に自然に恵まれた国である、動物とか水害とか台風もたいしたことはない、すべて非常におだやかで暮らしやすいところであると。われわれは特別にそれほどに感じないのだが、外国人はそう敏感に感じたのであろう。

映画俳優でもあるし、ものをちょっと書いたりしている伊丹十三という人がいる。彼は短い紀行のようなものをときどきテレビでみせるが、関西の寺だとか古墳を見てまわったときのもので、その最後にこういうことをいっている。「日本の古典的な自然をずっとたたえた俳句・和歌をみても、それら詩歌の中に〝自然〟ということばがない。このことは日本人が自然というものを認識しなかったということである」と。それはつまり、自分を自然の中にとけこませて考えていたからだというふうにいっている。たしかに、自然を対立物として厳しく考えないし、また考えなくてよいような、おだやかな環境の中に万葉の時代から現在までの私たちがあったようである。たしかに日本でも寒いとか暑いとかはあるが、大陸の厳しい気候の変化にくらべれば、そういう寒いとか暑いとかは全くとるに足らないもののようなのである。

日本人の不思議

画家や哲学者で、日本の自然美をよく論じた人がいる。たとえば岡倉天心や和辻哲郎。こういう人たちの書いたもので見ていくと、日本人の生活というのは、障子をあけるとすぐそこに、縁側の先にススキが生えていたり、すぐ外が自然のつながりで、その間にヨーロッパのように厚い壁がない。障子を全部ガラッとあけると、自分の生活が全部自然の延長であるというようなところに、日本人の自然とのかかわりの深さ、自然を愛する気持ちがある。それが日本の民族の心の美しさを養ってきたものでもあるという。

岡倉天心の『茶の本』というのがある。これを読むとたとえば、お茶をたてるときに床の間に花を生ける。その生ける花というのは、ふと縁側から庭先におりてそこに吹いているのをちょっととってきてさすという。それが本当のお茶の精神であり、花を生ける精神である。そういう人間と自然との心の通い、つながりがある。そこにいくとヨーロッパの花は何だ。ダリアだのチューリップなど、肥料を入れたり改良したりして意識してつくり上げた絢爛たる花を花瓶いっぱいにつめこんでいる。これと日本の自然に対する感覚のちがいというものをみると、日本人がいかに自然を愛するものであるかということは、この茶席での花の生け方一つによくあらわれているといっている。日本人は耽美的である。自然を耽美する。自然の美しさにとけこんで耽る、というわけである。

それほど日本人が、心の奥底までが自然とのつながりであるとすれば、一方で日本人がなにゆえに自然をかくも無造作に破壊しているのか、それが不思議に思えてくる。

イナゴの大群

その不思議さというのは結局、自然の中に耽ってしまう、自然というものを意識しない、自然を対立物としてみないことのうちにあるのかもしれない。

自然を対立物として考え、ときには敵とし、これを撲滅しなければならないし、身を守るためにこれを大事にしなければならない、樹を植えておかねばならない、身を守るために山を守る。山を愛しているからではなく、洪水から身を守るために山に樹が茂っていることを利用しようということであって、それが結果として自然を愛することであり、空気を美しくすることであるということになる。

大陸などでは夏はすぐに摂氏四〇度くらいになるし、冬は零下十何度、二〇度、三〇度となる。いったん台風がくれば、ちょっとした島などすぐふっとんで消えてしまうような大きなハリケーンみたいなものがあったり、中国では黄塵万丈——真夏の日照りでも太陽が全然みえなくなってしまったり、イナゴの大群がおそってきて、通りすぎてみたら農産物はおろか草も何もひとつもなくなってしまうというような、おそろしい自然の中でやっと人間が生きながらえていく。自然は対決すべきものとして認識する中から、自然に対する彼らなりの愛し方というものができてきたのだろう。

日本では、その点ははっきりさせなくても生きていくことができる。大陸では、それをたたえてああ美しいなといっているうちに、こっちが自然に食われていっぺんにほろんでしまうということになるのだが、日本ならその中にひたっていることで幸せを充分に感じることができる。そういう状態にあるうちに、知らない間に自然というものをこわしてきたのかもしれない。

水を分け

農業というものは、自然の営みを人間の目的にそって生産にかえるものである。それはやはり自然を変えるということ、ある意味では自然を破壊するということだ。山に行ってワラビをとるとかいうこともあるが、これは農業ではなくて、採収である。農業というからには、やはり栽培ということが当然おきてくる。日本の稲作くらい、一度はっきり自然の状態をこわさなければできない農業というのはないくらいで、畑作農業はまだ多少起伏があってもできるが、水田は真平らでなければできない。自然に真平らなところなどまずない。よほど局部的な偶然的なものでないと、まずありえない。それを平らにするのであるから、やはり自然をこわしているわけだ。

しかしこわす目的は、やはりそこに自然生的なものを、自然の営みをくり返させることである。そこが工業のこわし方とちがうところである。水をひいてくることだって、農業は自然の水の流れを活用しているのではない。やはりみな水路をつくって、水を分け、順序に従って流しているわけで、川にしたって、天然の流れというが、どの川をみたって、天然のままというのはない。天然のままの流れというのは自由に蛇行し、雨がどっとふると昨日までこちらを流れていた川が今日はあちら側を流れるといったように、自由奔放に流れるもののことである。

川というのはご承知のように、最初真直ぐに流れていたものが、だんだんに蛇行していき、しだいに蛇行が激しくなる。それがあまり激しくなると、蛇行がつながって真直ぐな流れになる。また何百年かするとそれが少しずつ蛇行していく。この状態のままだとそれは自然といえるのだが、われわれは川にちゃんとコンクリートでわくをつくって、それがあばれないようにしている。したがって、自然の川の美しさ、天然の美といっても、実はほんとうの天然の美というと北海道の原生林とかいうような極く一部のところに行かなければまずないのではないかと思う。やはり人間がそう調整しながら農業的にそれを活用しているわけである。

工業の自然破壊

工業の自然の破壊とのちがいといえば、工業的破壊のばあいは自然からとったものを、それが再び元にかえらないような状態にするわけである。たとえば、樹を切ってパルプにする。これは自然の営みを活用しているといえばいえないこともないが、これを自然の中から完全に一度取り除いていって、工場にもっていって、切り裂いたり、チョップにし、薬品でとかしてしまう。そして全く質のちがう紙というものをつくりだす。

あるいは石油を地中から掘りだす。石油自体は、大昔の嫌気性バクテリアの死がいもしくは排泄物からできたものといわれている。生き物が、自然の営みが石油の原料になっているのだ。それを地中から外にひっぱりだして工業的に加工して、ガソリンにしたり、プラスチックにしたりで、これはもはや自然の循環や自然生的な諸関係から全く切り離したものである。

つまり鉄だって石油だって、全部自然の中からとりだしたものなのだが、これらは加工することによって自然の循環から切り離してもとにもどりにくいような状態にするというところに自然破壊になる理由があると思う。厳しくいえば農業のばあいでも一種の自然破壊をしている。しかし、これは自然破壊をしながら自然の営みをよりよくするという性質のものであって、工業と全くちがうと思う。

とにかく、農業は自然を守るものだというようなことはいえない。むしろ、農業をやっている人にとっては、自然は厳しい闘いの相手であると強く感ずるのではないだろうか。そのことのみが農業を可能にしているのだから。そこに山があり、入会地がある。町からきた人が汽車の窓からみれば美しい山だ、農業をやっている人が守っているんだなあと思うかもしれないが、農家の人にとってみれば、登って草を刈らねばならない、有難くはあるが大変にしんどい働きの場所である。その山が美しく、こよなくこれを愛しているというようなことばは、自然にはでてこないだろう。その農業から離れて一〇年二〇年都会に住んだりしていると、「兎追いしかの山……」ああなつかしいということにはじめてなってくるのだろうが、現実にはその厳しさの中で農家の人は仕事をしているのである。

農業を農業として

その農家の人たちが自然を守る役割をもっているなどとよくいわれるが、これは少しおかしい。それがはたからみて自然を守っていることになるとすれば、それは農業を農業としてやりよいような状態にしておくということが、自然を守っていることになるのであって、農家の人たちに、「君たちは自然を守るのが役割だ」なんていうのは、とても大変だと思って相手にしている自然を守る役割を背負わせて、そういうところに町の人が遊びに行って、おいしい空気をすえるようにしておいてくださいなどというのは、全く話が転倒している。

とり返すことのできないような自然の破壊をしているのは都会であり工業なのだということについて都会の人は自分は責任があることに気づかなくてはならない。

都市の人が快適にすごせるように冷暖房装置をつけろなどというのはふとどき千万。まことにばかばかしいことであるが、そういうことを農村に要求するような非常に荒唐無稽な、失礼な発想がでてくるのは、工業と農業の根底的なちがい、そして農業というものが自然との厳しい闘いの中でなされているものだということの認識の欠如からきているのではないかと思う。

第二章　農家と農耕

一、農業の企業化

　農業を企業化させなければならないということは、あらゆる人がいっていて、みなさん方もそういうふうに考えているのではないかとも思うが、企業化というのは一体何なのであろうか。

おれの田

　おそらく、企業化を推しすすめようとしている東京などの学者やお役人の念頭にあるものは、いまのような自分で自分の農業をやるということ、おれの田はおれが耕すというような関係をなくすることであろう。

　そのこと自体いかに非現実的かということがわかるのは、みなさんのお話の中でもでてきたように、とにかく他人はおれの田んぼにはいれさせたくないという実感と農業の企業化をいっている人の願いとの距離がいかに大きいかということからもわかる。

農地が移動しない

　企業化ということを理屈でいえば、いまよくいわれているのは所有と経営の分離ということである。これもはっきりしないことで、いっている人の頭のなかには、土地所有と経営の分離ということがあるようである。これは具体的にいえば、小作とか請負耕作とかで、規模拡大をすすめていこうということだろう。部分的にはそういう事例はおこっていて、おこったり消えたり、おこったり消えたりしている。

所有と経営の分離によって企業化をすすめようという政策や農協の推進が強くなると思うが、その大きな理由は農地が移動しないことが分かってきたからだ。農地を力のある農家に買わせて、つまり所有規模を拡大させて、経営規模を拡大させるという政策がカベにあたった。これは基本法農政以来考えてきたが、そういう自立経営はできない。だから所有と経営の分離を強調するようになってきた。

そしてさらに、機械・施設などの所有まで経営者と分離させていこうという政策を考え、これも部分的にはある。トラクターを農協がもつ。あるいは愛知県などにあった技術信託。これは農協がトラクターを五台、一〇台ともっていて、ほかにいろいろの作業機を用意してある。そして農協の技術信託部に所属している専業農家の腕ききの人たちが登録されている。そして、毎年春に農家から申し入れさせ、計画的に作業を配分して、その計画に基づいて、あっちの田んぼ、こっちの田んぼと出動して、稲作・畑作いろいろな作業をその人たちがやっていく。これが日本農業の将来の大変輝かしいあり方であるということを、いろいろの人がいっている。

これも所有の分離である。農機具の所有も離れる。

企業化というのは、工業のほうで考えるとわかるように、もう一つの角度は資本と労働の分離である。資本と労働の分離というのは対立である。人間でいえば資本家と労働者の対立ということになる。

これを伴わないで所有と経営の分離をするというのは規模の小さいうちはまだよいが、規模の大きなものをつくって、しかもそれを長つづきさせていこうとするには、資本と労働の分離というもう一つ別な観点が必要になってくる。

くだいていえばこういうことである。資本家と労働者の問題ということの前に、早い話が、一〇町歩、二〇町歩、あるいは三〇町歩の大経営ができたとする。絶対にありえないことではない。たまにはそういうことをやれる人がいるかもしれない、またそういう事例もある。そういう経営が一〇年、五〇年、一〇〇年というふうに長く持続していくためには何が必要かというと、相続や分割（家庭共同体的な意味での分割）などを全部拒否しなくてはいけない。これを全部拒否しなければ、この規模は維持できない。

株式会社に

工業のばあいには維持できる。なぜかというと、それは資本がもはや経営者から離れているからである。つまり三〇町歩の土地と設備――どんな値うちか知らないが、たとえば一〇億円に当たるとする。これが個人の所有であれば、どんなに大規模経営王国をその人が誇っていても何度かの世代交代のうちに揺れ動くことを防ぐことはできない。これを防ぐ唯一の方法というのは、これを株式会社にしてしまうということである。しかも単に名目的な株式ではなくて……。

みなさんのうちで株をもっている人がいるかもしれぬが、たとえばAさんが松下電器の株をもち、Bさんが東芝の株をもっているとする。Aさんが松下の株を一〇〇〇株もっていようが、一万株もっていようが、松下幸之助はAさんのことを知っているかといえば知らないし、毎日毎日株式取引所でいろいろな人が売ったり買ったり、買ったり売ったり——その人を一人ずつ知っていて仲間かというとそうではない。そういうふうにずーっと資本というものは社会の中に広がっていって、いろんな人たちが株をもつようになっていってしまっている。そういう関係が成立してくれば、松下幸之助が死んでしまっても、あるいはそれをひきついだ息子の経営がうまくいかなければ、みんな株主が集まって、あの経営者だめだからとやめさせて、全然ちがう人間をもってきて、経営者の座にすえる。雇われ社長というのがある。株主総会や重役会に対して一割五分の配当を約束する。極端にいうと、そういう社長であればだれでもよい、連れてきてやらせる。一割五分を割れば、即刻首。だから経営者の個人的な「おれの経営だ」というような個人的な結びつきは完全に切れてしまって、社会化された資本というものがそれを経営しているということになる。そうすれば一億円であろうが、一〇〇億円の株式会社であろうが、時代がどんどん移り変わっても世代が代わっても何のおかまいもなしに会社を維持できる。

Aさんがおじいさんになって、その息子に相続するかもしれないし、その息子たちが株を半分ずつに分け合うかもしれないが、株というものは分けようがくっつけ合おうがもとの経営体とは関係がない。そうなってくると、世代の交代も、時間の推移も関係なしに、その規模の企業というものは存続していく。資本主義がつづき、大きな経済変動がない限り存続していく。

こういうふうに、資本が社会化するという状態に、その企業がおかれたとき、本当にそれは安定した企業になる。そのかわり、もはやそれは、おれの田んぼだとか、おれの田んぼにはあいつのトラクター入れないとか、いくら頑張ったって、株主が集まってそのほうが合理的だからやると決めればそれに従わざるを得ない。おれの田んぼは一体どこに行ったのだということになる。

社長も首に

工業の中小企業というのは、その中間にある。中小企業の小さいものは、いつも自分のポケット＝マネーで、漬物工業をつくるとかする。ところが一番問題になるのは世代が交代するときだ。息子があとをついでくれるかどうか。あとをつぐ長男がいたりすれば、中小企業の漬物工場のばあいは、やはり農業に近い感覚で兄弟がみるかもしれない。お父さんがつくった漬物工場は大事だから、兄ちゃんにひきうけさせて、みんなで分割して工場をこわしてしまうことはよしましょうと思うばあいと、こんなの売りとばしてみんなで分けちまえというばあいとがある。そうなると漬物工場は一代で終わり。中小企業というのは、数では大部分がそういう状態にいつもおかれている。これが少し大きくなっていって、やがて株式市場に上場されるような、億という資本金をもつ状態になってくると、そろそろ個人経営という色彩がなくなってくる。そういう状態になったときにはじめて株式市場に上場することができるというのは、ひとつはそれではじめて個人というものから切り離された企業として、社会が認めるからである。経営者が死んでしまったらこの会社はなくってしまうかもしれないというのなら、そんな株は市場にのせることができないということがある。そのへんのすれすれのところにある中小企業がたくさんあるわけだ。

もしも大規模農場をつくって、つぎの代に解体してしまうのが不安だったら、株式にしてたくさんの人にその株をもたせたらよい。そのかわり、自分も社長としていつ首を切られるかわからない。おれの田んぼだということはもういえない。私は、それでなければ巨大規模を達成してもつづかないと思う。しかし、それは学者・為政者というものがあるていど予測しているから、いずれそのうち規模拡大のために資本の社会化をしたほうがよいというようなことをいいだす可能性は充分あると思う。

協業経営も年をへると

農業法人というばあいは、まだその生産に従事している人が持ち主であり、株式会社のように資本を社会化することはできない。しかし、この枠をもう一つとり払ってということになり、外からも資本が流れこんできて、協業経営にまでいった。しかし、ある稲作法人でこういうことがあった。おれの息子が協業はいやだといいだした。おれは協業経営をつくってきたのだが、息子にそろそろひきつぎたい。息子は協業はいやだという。そうすると、その人はさっさとその協業経営から抜けることになる。

ところが、その協業経営の資産が三億円ならば、それを資本として独立させてしまえば、いいじゃないか――こういう理屈は当然でてくる。株式会社にしておけば、おれはいやだというものがでてきても、その人の持ち株をどこにでも行って売ってこいということになる。するとその人は、おれの田んぼ一町歩がここにはいっているということはもはやいえない。一町歩の田が一〇〇〇万円に当たるならば、一〇〇〇万円に当たるその株をだれか他の人に買わせればよいという方向にもっていく。その方向にもっていく過程として協業というものを考えている人が、指導層の中にある。協業というのはみんなのため、あるいは社会主義へのワン＝ステップだというように考えている人がいるが、この期待は裏切られる。

大規模の農業を求める農業を推進したいという方向の中には、それが少しずつ実現していけば、必ず資本と経営、資本と労働を分離させる方向がでてくると思う。それ以外にそれを維持する方向はない。

サンキストのオレンジつくり

アメリカに何度も行っている人の話を聞くと、経営者が自分で畑にふみこんでやる農業というのは、アメリカでもふつうなのであって、家族労作経営でそれをやっていく。たまに会社で社長が農業をやらない経営、農場の社長が都会の銀行の重役だというような経営はたまにあるが、これはほんの数えるほどしかないという話である。サンキストというのは農業協同組合である。サンキストという巨大な会社があって、それが巨大な農場を会社でやっているというのではなくて、サンキストの協同組合に出荷する人たちというのは、日本よりずっと規模は大きいがやはりオレンジだのレモンだのモモなどをつくっている農場経営者。そういう農場経営者は収穫期には季節労働者をたくさん雇うけれども、日常は自分の家族労働を中心にして農場経営をやっている。

しかも、これは不思議な現象なのだが、イタリアの八〇〇ヘクタールという稲作の農場——これは保険会社がひきついでやっているが、その前は個人が経営していた。これがたくさんの田植え女を雇って田植えをしたというのはいまから二〇年も三〇年も前のことだが、直播に切り替えた。田植機を考えだすのではなくて、直播にした。そして機械化していった。これは田植え労働がしにくくなったから、直播に切りかえて機械化することになって、労働者を雇わなくなってきた。

八〇〇ヘクタールというのは保険会社の経営だが、そのすぐそばに四〇〇ヘクタールという個人会社の経営がある。兄弟の経営であるが、この経営はその兄弟が真黒になって毎日畑で働いている。そこだってたくさんの田植え女を入れていたが、機械を入れることによって人を雇わなくなってしまった。そしてほとんど家族だけで、あと何人かの昔風の、全く日本と同じ感じの年雇的な人が家族で住みこんでいるが、その人たちと一緒にやっている。これらの例をみると、経営規模はちがうが、日本の農業の実感とかわらないわけだ。

先進地農業

一〇〇ヘクタール、二〇〇ヘクタールになれば、どこの農場でもそうだが、昼間たずねていけばその経営者の人はみな作業服を着て働いている。日本では家族労作経営で自分で農業をやっているというのは遅れているというふうな認識が戦後はいってきたが、先進国といわれているる欧米諸国をみていると、むしろ家族労作だ（そういうことばはないみたいだが）、農業とは家族がやるものなんだとはじめから考えている。家族だけでやって人を雇わなくてもよいように、機械を大いに活用する。

私が欧州から帰ってきて農業経済をやっているある助手と話をしたら、その人が「そうですか、資本家と労働者というような関係で農業をやっているのじゃないのか」とびっくりしている。一〇〇ヘクタール、二〇〇ヘクタールになっても、労働者みたいなものは、一人としていない。家族同様の年雇が一家族いるくらいのもので、資本家が労働者を使ってやっているようなものは、見つけるのが大変なくらい、めったにいない。

現在の外国のことをいっぱい知っているような学者の人でも、ヨーロッパの農業は先進農業で、企業化してしまって、社長というのは農場にはあまりでてこないで、労働監督者にすべてをまかせて、経営をしているんだというイメージをもっている。私は数少ない農家を回っただけであるが、過去ヨーロッパに行ったいろいろな人に聞いてみると、やはり家族労作経営。生活を農業から切り離そうなどという考えは全然ない。

基本法農政の基礎になる考え方の中では、生活が農業の中にあるということが日本の遅れであるという。これを切りはなして、農家の人をアパートに生活させて、ここから朝「いっていらっしゃい」夕方「おかえりなさい」といって女房が送り迎えする。女房は農作業から解放する、サラリーマンの女房の如く三食昼寝付きで家でテレビをみている、ときおり近所の人とおしゃべりをしている——こういうサラリーマンの生活みたいなものが理想的だと書いてある。これがこれからの自立経営をつくっていく方向だと。

夫婦でトラクター

ああ、先進国とはそういうものなのかなあと私もそのとき思っていたのであるが、行ってみるとそんなことはないのであって、窓をあければすぐそばで牛がモーモー鳴いている。畜舎はやはり家のすぐそばにある。日本では東北の曲り家で、同じ屋根の下で馬が一緒に住んでいるのは不健康かもしれないが、とにかく家の近くでそういうものを飼っているのが時代遅れだといっているが、驚くべしヨーロッパでも庭つづきに畜舎があり放牧場がある。ほとんどの農家が、二〇〜三〇歩走れば畜舎にかけこめるというようにできているし、新しく畜舎をつくる人も庭つづきにつくっている。もちろん三〇頭、五〇頭というような大規模なやつでもだ。だから夏になって暑いからと窓をあけて寝ていると、牛の糞のにおいがプンプンとはいってくる。これは貧農の話ではない。

奥さんはといえば、朝食のあとかたづけをして、あとから自分のトラクターに乗って亭主を追いかけていって、畑にでかけていく。たとえば、農協の青年が牛乳の集乳にやってくれば、家では奥さんがあとかたづけしたりパンをねったりしている。「ごめん下さい」そうすると奥さんが、手を洗って前かけで手をふきふき、すぐに飛びだしていって畜舎のところに行って、缶に朝搾っておいた牛乳を青年とともにトラックにつみ上げる。牛乳をだしてしまうと、また台所にかけもどっていってパンをこねる。その仕事がすめばトラクターにとびのって、亭主のあとを追いかけてでていく。そしてすこし早めに仕事を切り上げて、自分のトラクターでパーッとほこりをあげてもどってきて、昼食のしたく。

あるいは亭主も朝一緒に皿洗いさせておいて、そして夫婦でトラクターを二台つらねていくとか……。やはり一〇〇ヘクタールくらいになると、トラクター二〜三台はもっているわけだが……。

こんな大きな経営の家の女房が、忙しそうにかけまわって、家事がすめばすぐに畑にでていくというのは信じがたいことであったが、それは一つや二つの特例ではない。たまに、女房は子供と家事をやっていて、農業のほうはやらないというのが、デンマークに一軒あったが、だいたいは夫婦が一緒になって畑で働いている。だから、農業が生活と密着している。そのことをいやしいと思ったりきたないと思ったり、程度が低いとか遅れていると思う――そういう感覚は全然ない。そのことが大変楽しくてすてきな生活だというふうに、彼らは楽しみにも思っているし、誇りにも思っている。だからそれを堂々と説明するし、すべてを見せてくれる。

ヨーロッパがどうだからということではないのだが、何か日本という国が、農業が非常に遅れていて、外国に見ならえ、外国に追いつき追いこせということが、内容的には企業化であり、生活と農業を切り離せということで、その目標を具体的に設定されて、やらされてきたわけだ。

日本だけの不思議

とにかく、外国からいろんなものがはいってきて、何でも外国から教わるといったような風潮で、そして企業化ということも、先進諸国がこういうふうにやっているのであるかのごとく教えこんで錯覚をおこさせる。指導者も学者も農家の人も、みんなそれが農業のいくべき道だと思っているが、先進諸国といわれている国々の農業というものはそんな方向にすすもうとしてはいない。非常に不思議な現象が、日本で、日本だけでおこっている。実に不思議な現象だがどこかで断ち切らねばならない。

二、農業のなかの機械

一〇倍を耕して

機械化ということが、近代化・企業化ということの柱になっているので、農業における機械化の意味を一度考えたい。農業を機械化していくと、農業も工業のようになるという考え方が強いが、これは完全に間違いである。

トラクターで耕すようになる。これは牛馬耕の何倍かの早さである。一反歩の土地を一〇時間かかって耕起していたものが一時間ですむようになった。これは生産力の上昇である——こういうことが一般にいわれている。これは確かに作業能率ということからいえば、生産力の向上になる。だが、能率の向上という観点だけからみると、それは無条件に一〇倍になったといえるのだが、ここに落し穴がある。

というのは、工業のほうでは能率が一〇倍になると、生産量も一〇倍になるからである。たとえば、穴を打ち抜く作業がある。一人の労働者がそこに座っていて、一日に一〇〇個穴を打ち抜いていた。これが新しい機械を入れることによって、一日に以前の一〇倍、つまり一〇〇〇個打ち抜くことができるようになった。そこでたとえば、以前に一〇時間労働だったとする。その労働者は能率が一〇倍上がったことによって、つまり一時間で一〇〇個穴あけできるようになったからというわけで一日の労働時間が一時間になったかといえば、そんなことはない。やはり依然として一〇時間労働して、つまり一日に一〇〇〇個生産するようになる。賃金も、一日三〇〇〇円なら三〇〇〇円、もとのままである。したがって、工業のばあいは生産力を上げるということの意味は、能率を上げるだけではなくて、それによって生産量も上げていくということが併行して行なわれるわけである。

ところが、農業のばあいはどうであろうか。以前に一反歩一〇時間かかって耕していたのが一時間ですむようになったとする。一町歩の田んぼをもっていた人は、馬耕のときは一〇〇時間かかった、ところが機械によって能率が一〇倍になったから、一町歩一〇時間で耕すことができるようになった。そうするとその人は、耕す時間が短時間になったからといって、耕す面積を広げるわけにいくかといったら、これは広げるわけにはいかない。工場のばあいは、労働者は能率が上がっても、生産量がふえることによって一日の投下労働量は同じなわけであるが、農業のばあいは、残った九時間はすることがなくなってしまう。トラクターを買った人が「おれトラクター買った。一〇倍耕せるようになった」といっても一〇町歩耕せるかといえば、それは他人の田んぼになる。能率が一〇倍になっても、その経営者が農家として耕せる面積というものは前と同じ。だから他人の田んぼを賃耕するとか、請負耕作をする。

「しまった」

それと、もう一つ工業と農業との機械化がもつ意味がちがうのは、自然の生育ということである。どのようにトラクター・田植機・コンバイン・ヘリコプターと、機械を総動員してみても米は田んぼに一年に一度しかつくれない。トラクターで深耕して、収量がいくらかふえたということはありうるだろう。工場では回転の早い機械を入れるとすれば、加工したり製造したりする回数なり量なりというものが、それだけどんどんふえ、飛躍してふえていく。ところが農業のばあいは、施設園芸であろうが、機械化一貫稲作体系であろうが、アメリカの大規模な麦つくりであろうが、トウモロコシつくりであろうが、どんなに機械を導入しても、種まきは一年に一ぺんと決まっている。これは、やはり自然の営みというものが主人公になっているのであって、機械が主人公にはならないという農業の特質を示している。

教育だの指導だのといってやってくるよその人のすすめで、農業が工業と同じふうになるんだというねらいで機械化をすすめていくと、これは最終的には必ず絶望にぶつかる。工業のような形の成果はえられない、「しまった」ということになる。

なぜなら、繰返しになるが、能率を上げることの成果の性質が全然ちがうからである。そこに、一面では農業のむずかしさがあり、一面では面白さがあるのでは……と思う。
　ここに農業のよさがあると思う。

土佐の農家も函館の農家も

　資本のある人が、自分の農場に何億、何十億という資本を投下し、その結果工業のように農産物がどんどんつくれるとしよう。そうすれば、結局は他の農家の人をつぶして独占になっていくことになる。

　ところが、農業というのはそれができないのである。そこに農業をやっている人と工業をやっている人との、人間性の根底的なちがいがあるのではないかと思う。農産物の市場で競争するということはあるが、しかし、企業として相互間で競争することはない。たとえ競争したとしても、自分が勝ったからといって他人をつぶすような関係というのはおきない。たまに何かの種類の特殊な部門ではあるかもしれない（たとえば採卵養鶏）。だが耕種農業で考えてみれば、おれが高い生産性をあげた、よりたくさんの資本を投下してすぐれた生産をしたからといって、隣りの人、あるいはよその県の農家がつぶれたとか——そういう形で競争に勝つということは農業のばあいはほとんどない。ある意味での競争はしていても、これはいつもクツワを並べて競争している。
　土佐の高知の礫耕栽培やらピーマンのハウス栽培など、世間の注目をひいてアッといわせたものは、いまではいたるところにある。たとえば北海道の函館でもハウスで立派にトマトをつくる。これは土佐の高知ではじめてできたしばらくの間は、まだ寒い時期にだせる八丈島とか静岡など特殊なところを除いたらできる地域がなかったから、高知のハウスもののトマトやキュウリは市場で相当高く売れた。だから大変な高値をよんだ。その時には、何か競争に勝って市場を独占したようにみえるかもしれないが、農業というのは不思議にすぐにあとから、みんな追いかけてきて、しばらくして横をみるとみんなわきを走っている。たいていの分野でそうだと思う。果樹・園芸・畜産などほとんどそうだと思う。

一生懸命ノートして

ところが、工業のほうにいくと、この機密保持はものすごくきびしい。カメラ工場にしても、テレビ工場にしても、大きな企業になると、見学用の工場というものをつくる。そこには秘密も何もない。どこに行ってもあるようなものしかそこにはなく、みんなにはそこだけ見せて、あとはお茶を飲まして帰す。決して秘密のいちばん大事なところは見せない。まして、同業者のばあいは、工場に見学にきたといえば、だいたいお断りか、会社の応接間に通して紅茶か何か飲ませて返してしまう。

ところが、農業のほうはどうだろう。何かちょっと変わったことやったということが、新聞や雑誌にのったら、バーッと見学者がくる。そうすると、どうぞどうぞと一番奥のところを先に見せてしまう。それは高知のハウスにしてもそうだし、礫耕栽培だってそうだし、ここは見ないでくださいなどというところはない。全部見せてくれて、頼まないところまで全部あけて見せてくれる。同業者に見せてくれる。

ここに農業と工業の決定的なちがいがある。もう細かいことまで教えて、みな一生懸命ノートして、だからたちまちにそれが普及していく。見本をあげるとか、そのうちにプリントまでして一〇〇円でどうぞなどと……。これでは独占もなにも成立しない。これをかくそうなどとしないのは農家の人の心情のよさだろうけれども、一方ではかくすということがあまり意味をなさないということもあるのか。

長野でリンゴをやっている若い青年が、リンゴの木をみな切り倒した。そしてヨーロッパのジャムや缶詰にするサクランボみたいなもの、何とかベリーを一勢に植えて、東京の特定のホテルと特約したという。ほかの人がやっていないことをやるんだといって。その意気込みはいいが、あと一〇年もたてば、それはみんなやっていることになる。

競争も独占も

農業という中で、創造性や独創性、あるいは機械を工夫することを求めていくことはそれ自体楽しいことだろうが、それはじきにみんなのものになっていく。それだけを考えるとつまらないやということになるのかもしれないが、一方ではそれは互いに守り合っているということになるのではないかと思う。工業のほうの競争というのは人のものをつぶし、あるいは合併吸収し、ずっと制圧し独占化していくということである。農業ではこれができない。稲作のやり方でうまい工夫をしたために、よその稲作農家がつぶれて、それを合併吸収していくというわけにはいかない。資本主義社会の中での企業化というのは、本当はそういうものを伴っての企業化である。農業では、そういう意味では競争も独占も成立しない。競争して最後まで勝ち抜いて、他の連中がまいってしまって破産する。その分は自分が獲得して巨大になるという関係は外国にだって農業における例はないと思う。

農業において機械化のもっている意義は結局どういうことなのか。

農業を機械化すれば工業のようになるということを期待するということがいかに誤りかということは、以上のように考えただけでも充分にわかると思う。

では機械化をどういうふうに考えていくか、ということになると、これはむずかしい問題だ。しかしこのように充分考える余裕なしに機械化が推進されていったために、結果として自分の農業から自分が追いだされるような、一〇時間かかっていたものが一時間でよくなって、「さて、残った九時間どうするべ」といったような、機械化推進は問題である。全く無策に、何も考えずにただ機械入れて能率上げればよいと考えて入れると、そういうことになる。この現実を確認したうえで、「いやいいんだおれは。あとの九時間は、本よんだり、テレビ見たり、ボーリングやったり、寝たり、話したりあるいはむらの活動をするんだ」ということであればよいと思う。金にはならないかもしれないが、自分としてはそのほうがよいということであればよい。

だがふつうの農家の人たちは、やはりあいた時間は外で稼いでくるというようなことに結局なってくる。このことを一体どう考えたらよいのか。

ここで二つのことをぜひいっておきたい。

「国際競争力」ということば

第一に、コストの問題。生産力を上げるとは、ふつうコストを下げることだといわれている。ことに農産物のばあいは、生産力を上げてコストを下げろ、国際競争力を高めろとさかんにいわれている。その一連のことばではっきりわかるように、生産力を上げることはコストを下げること。コストというのは費用だ。

国際競争力を高めろということばの中には、要するに価格を下げろという響きがある。米価闘争では、はじめ米価計算を農民団体がわはコスト計算でやっていたわけであるが、だんだん機械化で生産力が上がった。米作で反当二一日の労働がかっていたのが二〇日になり十何日になりすると、計算上ではコストがどんどん下がってくる。一方では自家労賃の評価をできるだけ高くしようとして、何人規模以上の工場労働者の賃金とかどんどんその賃金部分を上げていくという闘いをした。そうしてやがて所得補償方式という考え方がでてきた。つまり、純粋の生産費、コスト主義では生活がなりたたないような低い米価計算になってしまうということを意味する。ここに農業の立場の苦しさみたいなものがある。

農業でなくてもそれは同じなのであるが、工業のほうでは、生産力を上げるとそれだけコストは下がるが、それだけ生産量をふやしていって、ふえた生産部分はあらゆる手段を利用して消費者に売りつけていくということでどうにか救われてきた。ところが、農産物というのはそうはいかないわけで、コストを下げることが、そのまま収入を下げることにつながってしまう。

価格を下げることに

大きな流れでみると生産力を上げることは価格を下げることになる。人間というものは——いつも高い生産力を求めているという宿命的なものがある。これを阻止するということはむずかしい。ほかの人が生産力をあげて価格が下がったばあいには、自分が生産力の上昇の競争にのっていないときには、自分だけ高いコストで生産していることになるから大変な損になる。そして、結局みなで機械化して、コストダウンの競争を結果としてするようになってしまっている。これは人間の悲しき性《さが》であって仕方のないことであるが、鉱工業の生産物も生産力がどんどん上がっているので、そちらもコストダウンで価格が下がるとなれば、全部価格が下がり結局以前と同じことだ。あらゆる費用——サービス業から何から全部が半分になるのだったら米価が半分になってもよいわけだ。が、鉱工業製品では生産力が農業にくらべてはるかに上がっていて、しかも農業のように生産力が上がっても生産量が同じというのではなくて、製造量がどんどんふえてきているわけだから、本当は価格がどんどんと下がってもよいはずであるのだが、鉱工業のばあいは独占価格でもってささえるから、生産力が上がっても価格が下がらない。独占のほうは、コストダウンしても、それだけ価格を下げるということをしてくれないから、そこに農業の苦しさが当然でてくるし、将来もますますおきてくると思う。

三、農業大会社

人間的な幸せ

工業世界の資本家的な経営のいきつくところは、われわれ目で見て知っている。規模は大きくなっても、そこの経営者は自分の経営かどうかわからなくなるような資本という巨大な力に使われて、労働者も使われる。そういうような関係になってきて、人間疎外というのは経営者のほうにもでてくる。これが資本主義のゆきつくところだなということが、われわれ現実に目で見ることができるようになってきた。

戦前なら「おれ大会社の社長になったらいいなあ、いい気持ちだろうなあ」と思うことも当然だろうが、資本主義の到達する最高のレベルというのは、それはお金はたくさん動くだろうが、人間的には経営者自体が疎外されるような状態にいきつく（人間として経営をやっているというのではなく、経営者というロボットのような状態になる）ということがわかってくれば、私は農業の分野で同じ道をむりに選んで、同じようになっていこうと考えることは、たとえそれが可能だとしても結局自分を人間として破滅させることになるのだし、面白いことでも何でもないことだと——いまそういう見本があるのだから——そういう形で人間的な幸せを求めるということは意味のないことだと分かってくる時代ではないかと思う。

企業化された企業における経営者なり何なりというものは、もはや自分がものをつくっているという実感はないわけで、やはり生産から離れた人間生活といえる。私のような職業のばあいも、やはりものを具体的に生産していない、価値あるものをつくっていないということはあることはあるが、一応自分の仕事を自分で考えてやるということができるので、そこにささやかながら人生らしさを感じられるような気がする。

「先生、オレ社長に……」

そういうことを前提にしてものを考えないと、ある学校の生徒などは「先生、このあいだちょっと計算してみたのだが、三〇町歩までいけば、人をつかってオレが働かないでやれる農業ができそうだ」といっていたが、そういう考え方になってしまう。気持ちはわかるが、それは一昔前の人が資本家というものがどんなにすばらしいものかと夢みる時期があったわけだが、現代というのは、資本家になることを求める時代ではなくなりつつあるのではないか。日本の社会全体がそのことに気づいてくる時代が早晩あるのではないだろうか。

聞いたり書いたものを見たりすると、中国というのは、われわれが理屈で長く学んだり知らされてきたいわゆる社会主義という感じのものと非常に変わっていて、社会主義という社会のでき上がった形があるのではなくて、人をみな直接に生産に従事するという考え方から出発している。そういうものが社会主義ということなのだとすると、みんなが平等に分け合うということ、社会主義という形をつくり上げていくことが先ではなくて、みなが生産に従事しているということが先になる。

三〇町歩で自分が社長になっていつも背広を着てふんぞり返っていて人を使うような農業の夢を、

若い人にもたせるくらいの影響力がいまあるということを、その若い生徒から聞いてはじめて知りびっくりした。そういうことのよしあしは本人が自分で考えればよいのだが、そういう考え方をつくりだしていくというところに落とし穴があって、そのことが結果として農業を資本や工業に従属させていくのに大変都合のよいものの考え方なのではないかと思う。

特論　農政と農家

自給論さえ

私は、「日本の農業」という考え方はしない。日本には日本なりの農業の仕方・生活の仕方があるが、ふつう「日本の農業の将来」といっているときは、農業というものを国というような規模のものに入れてしまって、つまり日本国の農業とはどうでなければならないというような論じ方になっている。そこでは「農家にあって生産と生活をしている人」というものが抜けてしまうわけだ。

たとえば、農産物自給論というのがある。私の尊敬する先生も農産物自給論ということをいうし、農文協のものにもそういうことが書いてあると思う。たしかに自給論そのものは間違いではない。しかし、農産物の自給論というのは、外国の農産物の安い価格の影響で、日本の農家の人が困るようなことをどう考えるかというようなばあいの、一つの問題のたて方であるかもしれないが、それは一つ間違うと危険である。たとえば、国の食糧なり工業原料なりに結びつく農業を、全体的にどのような需給体系にしていくか、あるいはそれをどのように自給していくかといったような中に話をもちこんでいくと、農家の人がそこで消えてしまうからである。農家の人の利益を守るための自給論をいうことから、今度はそれを離れて、客観的に国の経済や農業を論じるんだと称して自給論を論じるというふうになると、実際に農業をやっている人が留守になっていく可能性があると思うのである。

日本全体を地域に分けて、東北のほうは米だとか、食糧基地で、どの地域は畜産だとか、農林省が地図をつくったことがある。あまり自給自給ということに焦点をあわせていくと結局あれに似たようなことになっていく。したがって、私は自給ということには反対ではないが、そういう角度での農業の論じ方にあまり熱心になってしまうと、国の政策をたてている立場や考え方と同じになってしまうおそれがあると思う。

学者が農政を批判すると

また私は、農政批判ということをあまりしないことにしている。というのは、農家の人が農政を批判するのとちがって学者・評論家・運動家・政治家が農業政策を論じているときは、それを批判していつつも自分自身が政策者になってしまうばあいが多いからである。

たとえば、基本法がつくられていく過程で、農林省が大きな研究会を召集したが、そのとき右から左まで、絶えず農家の立場にたってものをいっているような学者の人たちも総動員されてはいっていった。実はそこから基本法というものがつくられたわけである。近藤康男先生とか、そのほか二〜三人の先生たちは参加しなかったけれども、あと大部分の人たちはそれに参加した。それで、そのなかにはいって国の農政を批判しながらも、基本法づくりに協力していったのである。

たとえば、構造改善のこういう政策はいけない、こうしたほうがよいといっているとき、自分は為政者になっているわけだ――そこがこわい。農村をまわって、総合農政がでた、何がでたといって批判の演説をぶつ。私自身もそういうことをずいぶんやったが、ふりかえってみると、批判しながら農林省のお手伝いをやっている。そういう効果のほうが大きいような気がする。つまり批判をしながら農政の説明をしてあげているわけだ。「みなさん今度の総合農政というのは、このようでこのようで云々……」と、農村をくまなくまわって細かく説明して歩いているようなものだ。もちろん批判するために政策の説明をするのだが、批判のほうはあまり効果が上がらない。

加害者に

政策を批判して、自分が政策者の側にたたずにすむのは、農家の人たちだと思う。それは終始一貫被害者だからである。加害者を批判をする人が、加害者になる。そういうことになりかねない。私にいわせると、農政などというのは……およそ農業政策くらい、その当事者に細かく正確に絶えず伝えられる政策というものはないのではないかと思う。あとの職業の人たちというのは、サラリーマンにしても商人にしても、普段は政策というものをほとんど意識しないで暮らしていると思う。しかし、農業というのは、いろんな要素が全部細かく政策に結びつけて考えられるようになっている傾向がある。それらは、たとえば補助金だとか制度資金だとか具体的なヒモがついている性質のものもあるし、そうでないものもある（ヒモのついているもののほうが多いだろうと思う）。

政策に対する農家の関心というものは、学者とか評論家とか批判家とかが農家に絶えず訴えていくというほどのことをしなければ、また農協がこれほど上意下達に力を入れなければ、もっともっと弱いだろう。つまりは国がだした政策の細かい移り変わりなどは知らぬままにすぎてしまって、結局政策としては何のためにやったかわからないというような政策がほかの分野ではたくさんあると思う。ところが、農業のばあいは一つ一つでるたびに、一人一人が確実に知らなければならないような感じがあって、私たちのように町に住んでいると、自分の生活や仕事にほんとうに強い影響力のあるものだけがひっかかってくるのであって、あとは全部素通りしていってしまう。この素通り――もっと意識的に農家のみなさんが政策を無視するということは、むきになって批判するということよりもずっと強力な痛手を為政者に与えることがあると思う。無視できるものなら、そうしたほうがよい。

率直にいえば、評論家とか学者とかは、農政を批判して、むしろ政策に比較的近いところにいつもいて、もっと極端にいえば、それが生活の基礎になるというばあいが多い。

立派な委員も

政府の○○委員になるというのもわるいとばかりはいえぬが複雑な立場になる。「現代社会における農業の役割」の委員になっている学者の中には大変よい人もいる。その人の委員会の中での発言というものは、その速記録をみると、自分の主張をはっきりと貫いている。そして政策そのものはあまり批判しないで、自分の意見を強力にいって、それであまりゴタゴタさせず黙ってしまうというような発言の仕方をしている。立派な態度だと思う。ただそういう態度をもっている学者は、そのつぎには委員をたのまれないというものである。

政策を論じていると、どんなに批判的であっても、「そもそも日本の農業は」というように農業を全体的にとらえたほうが、農家はとか、農家の生活はという話よりも高級にみえてくるものである。そういう人たちが、テレビやラジオでもって経済や農業について話しをすると人間一人一人が消えてしまう。それを重視していると、非常に泥くさいような、農業は泥だからよいはずなのだが……モタしているような感じでみる。そして、たとえば、日本の農業の生産の趨勢はどうなっている、生産力はどうなっている、あるいは価格も全部指数にかえてしまって、何円何銭ではなくて、指数でわからないような数字でザーッと統計をだしてみたり――そういうふうにしてしまう。つまり現実の農業から離して抽象化して、「日本全体はこういう方向にいっている、したがって将来もこういくであろう」こういうふうな調子でいえばいうほどそれは神々しく見えて、高度で立派にみえてくる。

学会の演説　だがそういう農業論というのは、農民層分解論などを農業問題の学会などで論じているばあいにも非常に強く感じる。「五町以上層が昭和〇年から〇年までどうなっていった。五反以下層は……。このような傾向は、わが国の農業がこうこうこうなっていることを明らかに示しているのであります」とかいってみても、そういうことをいうのは本当の農業を考えていることになるのかどうか――非常に疑問である。

二日半の講義の中で、私は「日本の農業」を論じるといういい方は一つもしなかったわけだが、それを意識してしなかったという面もあるし、そういうことを論じるということはすでに自分が政策的な立場に立っていることを意味するような気がするし、またそれを論じても何もよいことはないという感じがするからである。

そういう高級な学者や政策者がみたとすれば一番大事な、日本の農業や経済の将来はどうなるかということはこれまでの二日半の話のなかで話さなかったではないかということになるが、私は、そういうことは論じる必要がない、それは結果の問題なのだと思う。農業で生活をしている人たちみんながよくなるということが、結果として国に住むみんなにとってよい結果をうむのだと思うからなのである。

本気になってついていく

もっといえば――これは全く私的な感情なのでみなさんに押しつけようとは思わないのだが――私にとっては愛すべき国家などというものはない。それは、そういう国になっていく可能性は充分あるかもしれないが、それが先行して、国を愛するが故にこうしなければならないということであまりにもみんなひどい目にあいすぎてきた。戦争に一番よく現われているのだがそればかりではない。そして、気がついてみると、「国のため」とか「民族のため」とかいうことに一番最後まで本気になってついていくのは農家の人たちである。

テレビ屋さんの友だち

私が仲よくしている近所のテレビやラジオを売っている電気屋さんがいる。あるとき、私のところにきて茶飲み話をしながら、「先生このごろいろんなことがわかってきた」「いちばん強く感じるのは、自分らに卸しているNだとか、Mだとかいうトップメーカーの社長連中は日本の国を売っているのではないだろうかということです」と急にいいだすのにはおどろいた。

大きな資本から商品を仕入れ、売るという自分の商売を通じてよく分かったことは、「国民の生活とか何とかいうことはどうでもいいんだ」「どんなにだまそうが何しようがいいから、とにかくテレビ・ラジオを買わせればよい。あとはこわれてしまってもあまりめんどうみるな。新しいのを買わせればよい」ということなのだそうだ。

その人が、「ワンタッチのテレビ」について、「あんなインチキな原理と欺瞞的な商品と宣伝の仕方はない。自分は技術者としてよくわかっている」「私はお客さんのみんなにほんとうは教えたいんだ、こんなもの買うべきではない」と。もちろん、そういうことはとうてい許されない。そこが彼としては苦しいところで、良心があるからお客さんを騙したくない、騙したくないが、とにかくそういうものを売る以外に店を維持する方法はない。ではほかのメーカーには、もっとちゃんとした商品をつくっている電機メーカーがあるかといえば、みな同じなので電機屋の商売をやめてしまう以外にはない。しかし自分が一人やめたからといってどうなるというわけでないから、自分は腹を決めた、商売をやっていてもお客さんにむだな買物はさせない、まちがった買い物はさせないと決心したという。農協ではなく、自分で商売をやっている人が、そういうのである。

その人はテレビやラジオをなおす技術に自信がある。そこで、一度テレビを買ってもらったお客さんがそろそろテレビを買いかえたいんだが……といえば、私がとにかく最後までなおしつづけてあげます、もちろん修理代はいただくがまだ買いかえる必要はありません、型はなるほど変わりましたが、中身は前のものと全く同じなのです、と説明してやって節約をすすめるという。これは立派だ。

一方、トップメーカーN社のえらい人M氏などという人は、あちこちで講演会をやったり雑誌をだしたりして日本の国を繁栄させ、日本の国民を幸せにさせている一番代表的な人間の一人だというような自意識をもち、はっきりそういうことを自分でいい、日本の国の将来を絶えず論じている。たいへん愛国心の強い企業家だというふうに国民の大部分から思われているのではないかと思う。

農業を幻想に

農業についての幻想的なこと、錯覚的なこと、詐欺的なイメージなどをつくっているものの根底には国とか民族全体をおおっている幻想・錯覚・詐術があると思う。日本の民衆全部がそのなかに追いこまれている。そういう意味で国の農業とか、国の経済の将来とか、世界で第何番目だとか――そういうことを全部捨ててみることが大切だと思うのである。一人の人間があり、その一人の人間とつき合っている人間、話し合っている人間のあいだから、それがわれわれの存在価値なんだというふうに考えたい。国というものから一度はなれてみたいのである。

そういう意味で、政策も論じなければ、日本の国の農業の将来も私は論じたくない。政策については、具体的にはそれに問題があればそれについて論じなければならないことはある。けれども、いわゆる農政批判というものをもって、自分の信条とすることはできるだけ避けたいと思っている。国の政策をよくするということをねらうことができるほどにいまの国はよくないと思う。期待することが、ミイラとりがミイラになるようなことになるような気がする。

ここでは、全講義を通じての私の考えの根底を申し上げているので、みなさん必ずしも賛成でない面があると思うが、以下にのべることを理解していただくために、あえて念をおしてお話をしたわけである。

第六講

農法論

第一章　農法への試掘

農法といっても別に変わった考え方があるわけでもなければ、とくにこれといった定義があるわけでもない。私は私なりに考えるし、みなさんはみなさんで、おれのとこの農法はこういうものだと考えるのでよいと思う。これが合理的なんだということで外からだされてくるのではなく、自分のなかで自然にでてくる生活なり生産なりについての合理的な考え方、これが農法なのである。

しかし、農法というものを日本の農家の過去の歴史、ヨーロッパの農家の過去の歴史のなかでみてみるとほとんど同じことをやってきているのがわかる。

一、土の力への取組み

土壌学 肥料学

土の力というのは地力だけではないだろうが、地力ということばがよく使われる。地力というと、ふつうはどうやって地力をつけるかということが問題になる。こういうものを入れるとか、こうやって耕すとか、いろいろある。土の栄養分とか土壌構造とかもあるが、これは地力の内容にはならないという人もいる。ここでは、地力というものを最も幅広く考えて、作物を育てるうえで必要なものすべてをさすことにする。土の貯えている栄養や土壌の構造といったものは、ふつう、別々に考えられるわけである。たとえば、土壌構造といったばあい、酸素がどうで水分がかくかくで、土の粒子がこうで云々ということで、それ自体として学問の対象になる。

日本が外国から教わってきた肥料学なり土壌学がある。肥料学なり土壌学となると、たとえば、大学の先生の間では、お互いのつきあいがほとんどないくらい専門化し、別の世界をつくっている。そして、その大学の先生のお弟子さんなどが国なり県なりの試験場にはいり、そこで土壌学の講義をする。講義をうけた人が農協の指導員や普及所の普及員になる。それで、土壌というものはこういうものでなければならないというようなことで農家を指導して歩く。

肥料学のほうは肥料学のほうで、稲の肥料は何と何、トマトの肥料は……といった講義がやはり普及員や指導員をつたわって農家までやってくる。

チッソ何パーセント

ところが、うけとるほうの農家は指導員がいったことをそのまま実施するわけにはいかない。自分の田や畑の具体的な条件にあわせなければならない。試験場で試験管やポットのなかなどで実験した結果をそのまま農家にもってきて、土壌構造はこうでなくてはいけない、チッソ・リン酸・カリはこれくらいがよい、いまごろは草丈はこれくらい伸びていなくてはいけない、というような指導が行なわれているのが実態である。これがいろんな間違いをおかしてきたし、いまもおかしている。肥料はチッソ・リン酸・カリと分けてそれぞれの工場でつくって、これを別々に農協などが村や部落までもちこんでくる。これがずっと農家のところまできて畑や田にはこばれる。

近代、肥料化学を教えてくれたヨーロッパの国々をみると、チッソ・リン酸・カリ、その他と分けて、チッソは何パーセント、リン酸は何パーセントで、それが作物にこういう影響を与える、というようなことをやっているのは、大学の研究室かそれとも一番上級の試験場である。

堆肥のなか

それが、もう少し農村に近い県の試験場になると堆肥の研究になる。堆肥がどうして作物に効くのかということを分析していくと、チッソ・リン酸・カリがこういうふうに効いているようだということがわかる。そうするとこれは、つくろうと思えば別々につくれるというところまで行く。日本では、それを向こうの大学に行って学んできた人は、すぐこれを農家にもち込めばよいというふうに考えてしまう。向こうの人たちはそうではない。堆肥を分析してそれにかわるものがつくれるということはわかっても、それはあくまで学問上のこととしておさめておき、農家の人が堆肥を使っているのはそれでよしとするのである。堆肥のつくり方とか、作物によっては堆肥のほかにチッソ肥料を少し加えたほうがよいだとか、そういったことのために研究の成果を使うのである。日本ではチッソ・リン酸・カリに分けたら分けたままでそれを農家にもちこもうとする。向こうの人は分けた段階で、堆肥のなかにそれらが総合されてあることがわかれば、もう一度もとにもどすわけである。そして、堆肥にはこういう意味があるという知識、そして堆肥の使いかたはこうするということで、研究の成果を農家にもどすわけである。この点が日本とちがうところである。

ドイツに学ぶ

明治以来の日本の農業に関係する学問のあり方というものは、学者のだした結論を農家におろしてそれで指導しようとする考え方が非常に強かった。戦前の農会がこの面での主導的役割を果たしていた。ドッの大学へ行って土壌学や肥料学を学んできた人びとは、それが大学での学問なのだということを理解できずに、それで直接農家を指導しようとしたのであった。堆肥はチッソ・リン酸・カリにおきかえられるという結論をもう一度総合するということをやらなかった。チッソ・リン酸・カリに分けた段階で、農家にチッソを何パーセント、カリを何パーセント入れたらよいというような指導を行なってきた。戦後、化学肥料がなんの抵抗もなく非常な勢いで農家にはいってきたのも、このへんの事情が働いたのではないかと思われる。

二、輪栽の精髄

晩稲の翌年

地力というものを考えるばあい、作物の作付け方、組み合わせのやり方というものも大切な問題の一つだと思われる。日本中の農家がいろんな作付けを行なっているが、その意味について少し考えてみたい。

たとえば稲をみてみると、晩生をつくった翌年には晩生はつくるなといわれている。裏作のできるところでは、その裏作の作物も年々変えていって、三年なり五年なりの輪作にする。これにはいろいろな意味があると思う。いま、農学なり農業技術の側からいわれているのは、連作障害・いや地である。

根からでているものがナスならナスだけにマイナスになるとか、セルリーを何年もつづけると土壌が苦土欠（マグネシウムの欠乏）になるとか、いろいろな現象は観察されてはいるが、連作障害やいや地の原因追究となるとほとんどなにもわかっていないらしい。

ナスは三年なり五年なりおかなければよいものがつくれないとか、サトイモもそうだとかいうようなことは昔から農家の人たちはわかっている。それがなぜなのかということを研究するのが試験場なり大学の任務である。ところが、日本のような学問のやり方で、試験場や大学に連作障害・いや地というものが研究の対象としてはいると、彼らは、それをなくしてしまえばよい、ないしは弱めればよいというふうに考えてしまう。セルリーをつづけてつくると苦土欠になるということがわかったということは、研究者の研究の大きな成果といってよいだろう。これが、日本式の農学なりそれにもとづく農業の指導ということになると、苦土欠がおきるなら不足した分の苦土を補ってやればよい。そうすれば毎年つくれるという指導になる。これが、日本の農業指導の特殊なところである。科学の力で、いままでできなかったことをやろうというのである。

好きときらい

連作がきかないということは、これの次にはこれはダメだということだが、その作物同士をきらう関係にあるということばでいっておこう。ところが、翌年、晩生の稲でよいうまい米をたくさんつくろうというとき、前年の裏作にはソラマメをつくるとよいというばあい、このソラマメと晩生の稲はきらいでなく好きな関係にあるといえる。この次にはこれをつくるといいぞという関係がある。つまり、ローテーションというものは、いまの学問や技術のいい方でいえば、きらいな関係をさけるためにやっていたんだということになっているが、本当はそうではなく、これの次にはこれをつくるといいぞ、という関係なのである。具合のいい組み合わせというのは複雑にいろいろあるが、昔の人はこれを非常にうまく行なっていたのである。

「水陸田共に昨年の作毛を今年作り返すことをきらう。麦もまた大小麦交換するのがよい。大小豆、煙草、麻、アイのあとには最も大麦がよい。前の年アイ、麻、エゴマ(荏胡麻)などをつくったあとはサトイモが最も適している。陸稲、アワ、ヒエのあとはエンドウおよびゴマなどは最もつくり返しをきらう。……豆のあとの大根は虫害が発生する」。新潟県の資料には「中晩稲の同じ品種を同地に何年もつくり続けると、自然収穫が減る。それゆえ二〜三年あるいは三〜四年でその種類を変えるのがよい」。

稲の品種の変遷をみると、どんなに優れたものでも、どんなにその地域、その村に適したものといっても、その最盛期というのは一〇年とつづかないものだ。たいてい三年なり四年というところである。そして、自然といつのまにか交代していくのである。現在では、化学や栽培学の成果でもってこのようなことはだれでもいわなくなったのであるが、私が興味に思うのは、たとえば宮城のササニシキが化学肥料の力で同じところで五年でも一〇年でもつくれたとしたばあい、収量は維持できたとしても、化学肥料の多投によって土壌がまいってくるということがおこるかも知れないということである。いまでも人によっては、同じ品種を長年つくってはダメだという人はいるのである。

麦は年々

「早稲を晩稲のあとにつくれば大いに収穫の量が減り二～三年たたないともとの量に復さないのである。ゆえに早稲は同じ田にだけつくるようにする」。新潟では晩生のあとには早生をつくらないのである。ところが、熊本などでは晩生のあとに裏作を入れて早生をつくり地力の回復をまつ。だから、地方によっていろいろちがうわけである。「早稲のあとへ晩稲をつくれば一両年肥料をいくぶん減らしてもなおでき方大いによろしい」。

そういいながらここはやや矛盾しているところがある。早生をつくったあとでは、肥料をあまり多くやらなくても晩生はたくさん取れるぞということである。早生は肥料をあまりたくさん吸わないので翌年に残すのだろう。「麦は年々同地につくるのがふつうである。ナス、バレイショは最も同地をきらう」といった具合である。

ソラマメと晩稲

作付け順序というのは、いまの指導者が教えると、連作をさけろという意味でしかいわない。ところが昔の人は、好きな組み合わせ、きらいな組み合わせ、両方あってそれを順序に上手に作付けていく。だから、五年間植えてはいけないものは五年間植えない。一例をあげると、ソラマメのあとに晩生の稲を植えるという組み合わせは好きな関係で非常によい。しかし、そこがまたつらいところで、ソラマメは五年に一度しかつくれないので、ソラマメと晩生という組み合わせもまた五年に一度しかできない。それでも、五枚の田んぼを考えると、どれか一枚は必ずソラマメと晩生の組み合わせができているということになる。

こう考えると、一枚の田んぼの大きさというのは、あまり大きくては困るわけだ。早い話が田んぼが六反しかない人が三反割りの基盤整備をやったらどうなるか。田んぼは二枚になる。二枚になったらこのうまい組み合わせはできなくなる。そんな組み合わせはやらなくたってよろしいというのが基盤整備をやる側の考えだから、上からいわれるままに三反割りにしてしまったら、自分の田んぼになにをどうつくろうか、どう組み合わせようかと考えたってできなくなる。あるいはそういうふうに考えること自体をいつのまにか忘れてしまっていく。今度は食味本位のこの品種を植えようといわれると、それをするしかやりようがなくなってくるのである。

地力の秘密

地力というものの秘密は実はここにあるのである。地力とは作物と作物の間柄の関係なのである。作物の並べ方によって落ちたり、維持されたり、高められたりする。それが地力なのだと思う。作物が地力をつくり調整するのである。

もちろん、どんな上手な組み合わせをやっても、肥料を入れなければならないことはいうまでもない。私が問題にしたいのはその入れ方なのである。日本の農家の人は化学肥料を施すにしても非常に高度な施し方をしている。稲のばあい、トマトのばあい、ダイコンのばあい、麦のばあいでそれぞれちがう。同じ稲でも、なんとか型だとか、穂肥はこうする、実肥はこうするとか、それぞれチッソが何パーセント、カリが何キロ等々。ヨーロッパの農家の人にはとてもまねのできない高等技術である。彼らにいわせるとそんなめんどうくさいことをなぜするのかということになる。

彼らのやり方はこうだ。毎年同じ量の堆肥を入れる。同じ量の肥料を入れる。そうして作物のほうを変えるのである。肥料は変えずに作物を変える。肥料が同じで作物が同じだったら、たとえばそれがチッソを多く吸う作物だったら、その畑はチッソが足りなくなってしまう。そこで、今年チッソを多く吸う作物をつくったら翌年はカリを多く吸う作物をつくる。その次はまた別のものをつくる。こういうふうにしていくと、自然と作物のほうで地力をかたよることなく調整し維持していってくれる。

作物に調整させ

作物を変えるか肥料を変えるかとなると、あらゆる肥料のやり方に通じている日本の農家は、次から次へと作物を変えるのはめんどうだと思うかも知れないが、ヨーロッパの農家は逆に考える。自分が慣れてることは、慣れてない人にとってどんなにむずかしく見えても、ちっともむずかしくはないのである。めんどうでないこともあるが、地力をつくるのは作物なんだということをここではいいたいのである。

チッソを何キロ、カリを何キロ云々ということで地力を支えてきた、支えてこれるという考え方を切り換えることなしに、石油危機に結びつけて堆肥を使いましょうということではお話にならないのである。これは単なる昔にもどれというのにすぎないのである。

堆肥を使う農業というのは、地力は作物に調整させる、人間が科学の力によってつくるのではなく、作物の根が地力をつくるんだという、世界中の農業をやってきた祖先の人たちが考えだしたことが生きてくるのでなければならない。そうでなければ、いくら堆肥を入れても、カリならカリばかり吸う作物だけをつくりつづければ、結局過燐酸などの化学肥料に頼らなければやっていけない農業になってしまう。

学問や農業指導をやっている人たち、とくに上の人たちが、大正・昭和とつづけてきた指導の根本の考え方を省みることなく、ただ石油が足りないから堆肥を入れましょうでは、全く無責任だと思うのである。農家をふりまわすだけの話はやめさせなければならない。

三、農法的思考

養分と構造と

効率と能率ということばがある。いまは、なんでも効率・能率で考える時代だ。これは工業の考え方である。工業というのは非常に単純にものを考えるのである。ところが、農業のむずかしさというのは、どんな電子頭脳でもとうていおよばないものなのである。作物の根がいかに土をつくっていくかを考える。そしてそこに人間がはいり込んで、作物の組み合わせの順序を考え、根の働き、収穫後の根の残部やら家畜のふんやワラによって土の養分や構造を別々にではなく同時につくっていく。分析の科学としては栄養と土壌構造とは別々の科学であるが、堆肥をやり、作物の根をこれの次にはこれ、これの次にはこれというようなことでつくり上げられていく土壌というのは、土壌構造もいっしょにつくっていくということがすばらしいことなのである。こういう仕事というのは、たいへん長い間かかってできたことであってそう一朝一夕にできるものではない。

それとくらべると、電子計算機で数式を駆使していろいろ計算をやっているのをみるとずいぶんむずかしくみえるが、それは過程のことであって、結局、工業というのはものを削ったりたたいたりして別なものにつくり変えてゆくというだけのことで、非常に単純なものである。これをああしてこうすればこういうものができるということがわかっているのである。電子計算機のむずかしさなどは、農業のむずかしさにはとうていおよびもしない。

そこから能率・効率という考えがでてくる。それを農業にもってきてでてくるのが、三反割りというような田畑一枚の面積を大きくするということであり、作物の種類を少なくするということである。

種類は多くとも

工業の世界では、旋盤をやってる者は旋盤だけ、ネジを締める者はネジを締めるだけというほうが熟練度も高まるし能率も上がる。ところが、農業をやっている者は、一つのものにだけ熟練するというのではなく、熟練していく間にたくさんの面に熟練していく。自分でも気がつかないうちに無意識に非常に高度な熟練度であらゆる仕事をやっていく力をもっていくのである。どうしてそこがちがうのかはよくわからないが、工業のほうは一つのことだけを五年、一〇年とやっていく人が熟練工になるが、農業のほうは、鍬を使うにしても、種まきにしても、土をかけるにしても、間引きをするにしても、摘芯するにしても、どれか一つできればよい、どれか一つにだけ熟練していればよいというものではない。ここのちがいがわからないで、工業的な考え方をする人は、作物は一つのほうがよい。そのほうが能率が上がる、効率が高いと単純に考えるわけである。

農業では、作物の種類は多くても、能率が下がるなどということはちっともない。それは、工業の旋盤工なら旋盤工が、ちがう仕事を受けもたされることによって能率が下がるのとはわけがちがう。キャベツの定植をちょっとやったあとで、キュウリの摘芯をすることによって能率がおちると考える農家の方がいたら教えてもらいたい。むしろ逆ではないかと考えられる。東京都とキャベツの契約栽培を行なっている嬬恋地区の人たちは、見渡す限りのキャベツ畑で仮植のときは仮植だけ、農薬散布のときは農薬散布だけといった具合にじっと同じ作業だけをつづける。そのために、腰が痛くなる、おばあさんは神経痛にかかる、そういった作業病が発生しているという。このようなことは、単純化に能率向上を見出してきた工業の側でも問題になっているところである。収穫なら収穫という一つのことだけをやるのが体にわるいということは当たりまえのことで、立つ仕事をやったらすわる仕事、すわる仕事をやったら歩く仕事、という具合に次々と変えていったほうがよいのである。

能率・コスト

このように、まずその熟練度というまちがいに犯されたところから、単一化したほうがよいということになり、単一化すれば能率が上がる、能率が上がればコストが下がる、コストが下がれば取り分が多くなる、というふうに展開していくのである。専作とか主産地形成とかを支えているいちばん根底の理念の一つは、こういうことである。

もう一つの問題は専作化・単一化である。一つの作物をつくる。それもできるだけ品種も少なくする。作型も一つにする。要するにできるだけ単純化するのがよいといわれる。これは堆肥を入れろということとまったく矛盾することである。これもちょっと考えてみればまったく逆だということがわかる。たとえば、米つくりを考えてみよう。一品種で同じ作型で、何日に田植えして、何日に収穫するということになると、東北でいえば雪がとけるかとけないうちに大急ぎで耕起し、代かきし……となる。つまり、作型が一つなものだから日程はすべて決まって、一つ一つの作業がそれぞれ一定期間に集中し、大急ぎでやるということになる。大型機械が欲しくなる。田んぼは一枚のほうがよいのでは、となる。しかし、その結果はどうなるか。能率がよいのはトラクターが走っている間だけである。トラクターが止まっている時間がそれによってどれだけ長くなるかということについてはだれも計算しようとしない。別な人が計算して、日本の農家のトラクターの操業度が低いということをいっている。これは、トラクターを使ってる農家がおろかなためであるかのごとくいってくるのである。そんな狭い面積で、性能の低いトラクターを使ってるからダメなんだ、だから三反割りにしなさい、というわけである。そして単一の品種、作型で米をつくり、一枚の田んぼをいかに少ない日数で処理できるか、それによって田の労働力がいかに余るか、そういうところから〝トラクターの効率〟を云云するのである。

兼業にでる

こういう連中のいうことをいちいち真面目にきいていたのではお話にならない。自分の労働、家族の労働を中心においてすべてを考えてみると、おのずと、一つの方向がでてくる。田んぼとか機械とかを、そのときどきの都合でそれの能率を考えていくということになるとおかしな方向にすすんでしまう。自分を中心に、それと田んぼとのつきあいのなかで、なにがいちばん大切かを考えれば、一枚の田んぼは大きいほうがよいなどという発想はでてこないはずである。品種は一つでなくたくさん使う。田植え時期が少しずつづれておれば、一時期に一つの仕事を集中させる必要はない。一枚の田んぼを耕起・代かきしたら隣りの田んぼに移る、というふうにやっていけば、おのずとトラクターのすき幅も狭くてよい、スピードも早くなくてもよい。大きくてすき幅も広くスピードも早いほうがカッコよいという人もいるだろうが、大きいトラクターをひきまわすのに趣味をもっている人ならそれで結構だ——音楽に趣味をもっている人が、一〇〇万円のステレオを買いそろえて音楽をたのしむのに文句をいう必要がないのと同様——ふつうの生産手段としてトラクターを考えるなら、自分の田んぼなり、自分の労働にあわせたものをそろえればよいのである。

三反割りにしトラクターを大きくすることが、自分が田んぼから馘にされたという結果になってると考えるのでなく、兼業に早くでられるようになったと考えるようになっている。いつの間にかみんなそう考えるようになってきたのである。こういう米のつくり方をしている人は、ほとんど化学肥料に頼り切っている。あるいは堆肥を入れるにしても、化学肥料と同じようなものとして入れている。化学肥料オンリーよりはいいかも知れないが、論理は同じになっている。

徳川時代以来、日本の農民は長い間、田んぼには米以外の作物をつくることを許されなかった。これが、日本の農民が輪作をうまくこなせなかった理由の一つで、日本の農民がずっと悩んできたところである。

田んぼは田んぼ

もし田んぼが、畑にしたりまた田んぼにもどしたりすることが自由にできるような水利条件のよい田んぼだったら、ナスならナスがそれまで四〜五年待たなければできなかったものが、二年おけばよいということになってくる。日本で農業革命——農法的な意味での——があるとすれば、絶対に動かすことのできなかった田んぼというものを、田畑輪換することによって畑との輪栽のなかに入れ込んでやっていく農法をつくりだすということだと思う。こうなると稲作のやり方にもちがいがでてくるだろう。もし、多少なりともそれに近いことをやってみようということになれば、三反割りとか五反割りはできないだろう。試みに一枚やってみようと思って、水を落とし畑にしようとして失敗したら、それが三反もあったらたいへんなことだと思う。やはり少しずつやれるほうがよいのである。基盤整備で三反割りにしたものを、金の始末やらなにやらを全部すませたあと、またもとの一枚一反にもどしたというところがずいぶんある。もちろん、小さいほうがいいといってもそれは限度があるだろう。私が小さいほうがいいというのは、なんの合理的な根拠もないのに大きいほうがいい大きいほうがいいということに対して小さいほうがよいといっているのである。

それから、曲がった田んぼ、大きい田んぼ、小さい田んぼ、いろいろあるが、これについても大きさがそろい、ちゃんとした四角の田んぼがよいといわれる。曲がってるほうがよいかどうかそれ自体は別として、大学で勉強してきて曲がっているより四角のほうがいいんだということをはじめから前提にして考えるというのは工業的なものの考え方ではないかと思う。

あぜ道の曲がり

田んぼが曲がってる、あぜ道が曲がってるというのは、大げさにいえば地球の表面の形にあわせて、田んぼに平らに水がたまるようにということでさんざん苦労して田んぼをつくった人々の曲げ方なのである。曲がっているということに意味があるのである。あまりひどい曲がりというのは耕うん機にしろトラクターにしろマイナスかも知れない。しかし、なんでも曲がっていることはいけないことで、必ずまっすぐにしなければならないということは間違いではないだろうか。昔の人は――昔は機械がないからということもあったかも知れないが――その土地の地形をできるだけ変えずに田んぼをつくろうとしたのである。まっすぐにするためには山をなくしてもいい、谷をなくしてもいい、地球の表面を思うがままに変えてしまうということになる。日本では実にこれが徹底して行なわれた。

アメリカの田んぼは決してこうはなっていない。スケールが大きいので、地面に立って田んぼをみると整然とまっすぐになっているようにみえるが、あれを飛行機から撮った写真でみると、あるいは山に登って遠くからみると、地形に従って曲がっているのである。

水の流れ

私は、地球の形というものはあまり変えないほうがいいと思うし、へたに変えないほうがいろいろうまくいくと思う。水は高いところから低いところへ流れる。昔の人はこの当たりまえの事実を上手に生かして田んぼをつくったのである。流れてきた水が平均にはいるような田の形にし、それがまた次の田へうまく流れていく。その田もまたうまく水を受け取めるようにつくっていく。いまの人間は、水が高いところから低いところへ流れていくということを忘れていってるんではないかと思われる。流れてこなきゃポンプで上げてしまえという発想だ。ポンプを全面否定するわけではないが、ポンプを使うことこそが近代的であり合理的なんだということで、それを主体に考えていくことに疑問を提起したいのである。

曲がった田んぼよりまっすぐな田んぼのほうがよいというのは、農家の人が自分の働き方、自分の作付けの仕方、自分の水の都合などいろいろ考えて決めるならそれでよいのだが、まわりからそういわれるのには警戒したほうがよいと思う。そういう人たちは、トラクターにあわせて田んぼの大きさを考えているからである。

第二章　農法的農業

一、生活と生産

食べるものをつくる

都会的な考え方では、生活と仕事とは別だという非常に強い考え方が支配している。これは、世界的にもそういえる。生産の場所と生活の場所は離れている。それと反対のところが自分の食べるものは自分でつくるということだが、都市的な考え方からすれば、こういうのはいちばん原始的で程度の低い生活だということになる。最近のある新聞をみたところ、それはちょっと間違っているんではないか、働くことと生活することとがまったく切り離されているところに、非人間的な社会ができている原因があるのではないか、との意見が載っていた。私が『小さい部落』(朝日新聞社刊、のち『日本の村』と改題)という本のなかでいいたかったのも実はこのことだった。

自分が食べるものは自分でつくる。しかし、そういう形では自分ではつくれない工業的な製品もある。そういうふうにして農業から工業が分離してきたわけである。安い米があるなら輸入したほうがよい、という説がある。

自分でつくれないまでもせめて、自分の町の近くの農家の人から食うものを買い、その代わりに工業でつくられたものを農家の人たちが利用する。そういう、せまい社会のなかでの関係として考える。これを国際分業論では否定しようというわけである。いちばん、効率高く安くつくれるところでつくる。自動車・米・麦、なんでもそうする。そして、それを国際間で交換すればよいというわけである。これは、一見非常にきれいにもっともらしくきこえる。もっともらしくきこえて世界がそうなりかけた、ちょっとなったところですでに矛盾がでてきてしまった。

フランスパン　パリの市民の間ではフランスの畑でとれた小麦でつくったパンを食べようという一種の国民運動が、パン屋さんを中心に展開された。なぜこういう運動が強いかというと、たとえパンをつくりにくい小麦粉でも自分の国でとれたものでパンをつくろうとする姿勢が強いからである。もちろん、国内の貿易商人は、安いアメリカ小麦を輸入するということで自分たちのふところを肥やそうとする。ところがアメリカの小麦は硬質小麦でパンの機械生産に適したものなので、パン屋さんたちは、機械化されることによって業界が再編され大きなパン屋にしだいに吸収されつぶされていくのではないかと考えたのである。フランスでできる小麦は軟質小麦で、機械製パンには適さず、手づくりに適している。アメリカ式機械製パンはできない。しかし、つくりにくくても高くても、まず自分の近くでつくったもの、自分の国の農民がつくった小麦を食べるのが先だ、足りなければ輸入しようという考えなのである。妙な近代主義におかされて、小麦を全滅させ、手づくりのパンをなくしてしまった日本とはだいぶちがう。

町の人の食べるもの

日本の社会ということで考えても、都市に住む人はなるべくその町を取り囲む農村から自分たちの食べるものを供給してもらう。もっと理想をいえば、みんな自分たちの食べるのは自分たちでつくるということが大切だと思う。昔は当たりまえだったこういう考えがまた少しずつではあるが回復しつつある気がする。農家の自給というと、遅れていることのバロメーターみたいに長い間いわれてきた。だから、農産物がどれだけ商品化されるか、どれだけものを買うか、金の出入りがどれだけ大きくなるか、ということですすんできたのだが、そこにそもそもの間違いがあったようである。

結論的にいえば、自分の食べるもの、自分のところでつくれるものはなんでもつくるのが得なのだということだと思う。得だというのは売り買いの問題ではなく、たくさんの作物をつくって、その作物の力で地力というものをつくっていくことになるのだと思うわけである。だから、自給的な農業、自給を捨てない農業というものが、ローテーションをつくりあげていくし、工業がトラクターを通じ、肥料を通じ、農薬を通じて農家のなかにはいり込んで農民を追い出し、外へ行って働けといってくるのを拒む最も強力な力になるのである。工業の側が農民を田畑から追いだそうとするとき、ここはおれの田んぼだ、おれがここで働くんだといってそれを拒もうとするばあい、やはり、一つは前にのべたような地力つくりが大切であるし、もう一つは生活と農業の関係で、つまりは自分の食べるものをフルに自分でつくるということなのである。そういう意味では、いままで政策的にだされてきた主産地形成だとか多頭飼育だとかいうものは、すべて農民を土地から追いだすことになるといえる。

二、家畜の飼育と農法

多頭飼育でなければ

ふんを取るために家畜を飼う。これはバカバカしいことだと否定されてしまったが、ひねって考えてみると、こんなおもしろいことはないと思われる。ふんを取るということを先に考えて家畜を飼ったってちっともおかしいことはないのである。

多頭飼育というものがずいぶん奨励されすすめられてきた。多頭飼育しなきゃ金を貸さないぞ、補助金もださないぞという。国も県も農協も、口裏をあわせたかのようにこぞって同じことをいってくる。ところで、農協なら農協がそういってくるのは、農協としての計算があるからである。一頭や二頭飼ったってもうからんですよと彼らがいう裏には、一頭や二頭飼ってる農家を相手にしていたんでは、農協のもうけが少なくなる。もうける率がわるいということがあるのだ。エサの購買事業ひとつとってみたってこれはわかる。一頭飼いの農家をちょこちょこ相手にするよりは、大規模な農家相手に大量に売って歩いたほうが効率がよいのである。

私は、ある雑誌を毎月近くの本屋さんから配達してもらって買っていたが、ある日、来月から配達はやめさせていただくといわれた。なぜだときいたところ、経営コンサルタントにそうしたほうが得だといわれたからだとのことだった。雑誌を配達して歩いてお得意さんをつくっておく利益と、人ひとりよけい使ってバイクで配達して歩くことによるコストを差し引き計算すると、多少お得意さんが減っても配達せずに店で売ったほうが得だというのである。

農協は〝協同組合〟

近ごろの農協でもこういう計算が大はやりである。経営コンサルタントなるものがついていまのような計算をして経営診断をする。一頭飼いの農家相手ではもうけが少ない、だめだということになる。そこで多頭化をすすめることになる。ところが農協はいやしくも〝協同組合〟だから、うちのもうけがわるくなるからではどぎつすぎる。そこで「一頭や二頭じゃさっぱりもうからんですよ。お宅の損ですよ」とふれ歩くのである。

一頭や二頭ではだめだというのは、畜産の学者やお役人がそれなりに計算してだしてくれる。ヨーロッパやアメリカに行くと二〇頭とか五〇頭とかの牛を飼っている。それを写真をとったり、いろいろ調べたりして、こういうふうに大規模化しなきゃならんという結論をもって帰ってくる。ところが、よくよくみると二〇頭の牛には二〇〇ヘクタールの耕地がついており、さらに共同の採草地もあるのである。多頭のうしろにはそれに見合うだけの耕地がちゃんとあるのである。家畜の学者が自分のみたいとこしかみてこない、あるいはみる眼がないための悲劇としかいいようがない。農家の人が行ってみてきたら、おそらくこんな結論はでてこないと思う。もっといろんな問題をみつけてくると思う。

おもしろいことに、ものの見方が徹底して近代主義になっているために、日本の農業関係者、ばあいによっては農民の代表者までが学者と同じような見方をしてくることが多い。いちばんよくきくのは、われわれはもはやヨーロッパの農業を追い越したということだ。いわく、向うの農家はまだ堆肥なんか使っている。いわく、おれたちはヨーロッパから化学肥料を教えられてうまく使いこなしているが、彼らはさっぱりだめだ。いわく、チッソ何パーセント、カリ何パーセントなんていうと、連中、きょとんとした顔してなにいわれてるのかさっぱりわからないようすだった。こうして誇らしげな顔して意気揚々として帰ってくるのである。そのくせ、畜舎に家畜がたくさんいるのだけをみて、多頭飼育だ多頭飼育だといって、すぐまねしようとする。一頭当たり四町も五町も耕地があるのだから、多頭飼育でもなんでもないのに。

牛を飼っても

そこから自然にでてくるものが、肉の供給になったり、卵の供給になったりする。肉の需要が高いから、市場性が高いからということで多頭飼育に向かうというのはおかしいと思う。日本では大きな家畜を自分で殺して自分で食うというのは実感としてあわないし、衛生その他の制約でできなくなっている。牛乳にしても自分で飲むのはいいが、搾ったものを自分で売ることはできない。こんなところにも、乳牛を飼ってる農家が歪んだ方向に行く危険性を含んでいるわけである。農協を通じての酪農ということでしか牛を飼えなくなる状況なわけだ。

衛生衛生といいながら、結局は農民と町の人との直接的な結びつきを遮断して、殺菌装置などを装備した乳業メーカーを通らなければ牛乳が流れないようにしているのである。農家にとっても牛乳の消費者にとってもマイナスでしかない。

昔は肉をあまり食べなかったから、そういう問題はあまりおこらなかったが、いまのように食べるようになると、自分で飼ってるものを自分で食えるという生活が、自然にでてこなくてはいけないことだと思う。肉を売るために牛を飼うとなると、この牛はいくらで売れる、エサ代はいくらで労賃はいくらで云々となり、そうすれば何頭飼える、という計算の仕方になる。自分で食べるために飼うということになると、計算するとしてもちがった計算の仕方をするだろう。もう一つは、ふんをとるために飼うということがあるだろう。ふんをとるために飼ってるとしても、結果としては金になるのであるが、そういう人にこの牛は採算はとれてますかときいても、はっきりこたえられないだろう。なぜなら、この牛を飼ってるおかげで自分の畑がうまくやっていけるんだ、ということになるからである。畑のほうでのプラス面を計算に入れないで、牛だけを切り離して考えると赤字かも知れない。しかしそれは彼は計算しない。もし計算して赤字だということがわかったとして、やめるかというとそうではない。多頭飼育ではこういう考え方はできない。

堆肥製造機

多頭飼育を現実に行なっている人は、せっかく建てた畜舎をこわすわけにもいかないだろうし、いますぐどうこうということはできないだろうが、畑との結びつきをどうやってとりもどすかという気持ちで考えることはできると思う。自分の畑に結びつけてそれでも余ったら隣りの人の畑に結びつけてもよいだろう。ただ、これに近い考え方を農林省もだしている。堆肥の問題がクローズアップされてきたなかで、また勝手なことを考えだしているのである。たとえば多頭飼育農家と家畜のいない農家を組織してふんとワラとを交換させようというのである。組織するというときこえはよいが、そのすぐあとからは補助金がでてくるし、補助金目当ての企業が必ず動きだす。堆肥センター、堆肥製造機など次から次とそういう方向にすすみはじめる。大きく広げていくと、北海道から内地へ堆肥が商品として流通しはじめるということにもなる。そうではなく、できるだけ隣り近所の農家の畑との結びつきということでなければならないと思う。

荒く起こして

家畜の飼う頭数は、ふんの量で決めればよいと思う。自分の畑ではどれだけのふんが必要か、その家畜はどれだけのふんをだすかと考えて決めればよい。畑を濃密に使っているばあい、それほどではないばあいなどそれぞれの農家でいろいろある。堆肥を入れて七〇〇キロなり一〇〇〇キロの米をとろうとする人なら、三トンぐらいの堆肥を入れる。三トンも入れるとなると、へたな入れ方をすればかえってマイナスになるということで、稲つくりの根底から考えなおすことになる。深耕して深く堆肥を入れる。堆肥もよく熟したものを使うとか、水温の調節などいろいろなことがある。

堆肥で勝負するということは、深耕と密接に結びついている。

昔の農民が犂で荒く起こしておいて、表土を代かきする。土の表面だけは細かいが下が粗い。土の中のほうは水を縦に浸透しやすくしてある。水が縦に浸透しやすいということは、酸素が深くはいる。

有機質がたくさんはいってるばあいは酸素が不足すれば分解不良になるから、ただトラクターでかきまわしたのではうまくいかないので、たとえば、スコップで反転して、二トン三トンの堆肥を入れて、そして代かきしてということになる。こういうことが全体として農業の形、あり方としてでてくるのである。

スコップの反転もきつい

そうなると、農協が売り込んできているトラクターや耕うん機ではだめだということになる。しかし、スコップで反転するというのはきついし、牛や馬に引張られて犂を引かせるというのもきついし、さてどうしたらよいか、ということである。けっきょく、よい田や畑をつくるのにほんとうに使えるのは、農家の人が自分で考えた農機具なのである。

だから、もしいまのような循環の農業を考えると、どうしても既成の、化学肥料を使用することを前提とした農法の体系にあわせた機械では不満足だということになる。不満足だとなると、農協に注文をつける。農協ではだめだったら鍛冶屋でアタッチメントをつくるとか、あるいは自分や仲間の人が機械いじりが好きだとか、得意だというときは、いろいろ工夫してつくり変えるとかする。

外国人は日本の農機具会社が試験場との合作でつくった田植機をほめたたえる。イタリアのフィアットという自動車会社が何年も研究をつづけてついにサジを投げたという話もある。ところが、そのイタリアで私が訪れたある稲作農家は、自分で工夫してつくった直播機を使っていた。ところどころかたよって種子がまかれたりするが、彼等はわりに大ざっぱに考えて、あまりくよくよしないのである。芽がでてきてまばらなところをみたら、補植して歩いているのである。これがまた楽しい話でもある。農機具会社が、試験場や大学の先生といっしょになってつくった一寸のくるいもないすばらしい機械を農協から買ってくるというのではなく、少しできのわるい、おかしなビッコみたいな機械を自分でつくって、いろいろ自分でやってみて、こういう機械が必要だということが一つ一つわかっていく。こうして最後には、何十種類という、農家の必要性から生じた機械というものがでてくる。そこから、こういうものを農機具屋につくれというふうになる。機械を売りつけられるのでなく、自分の必要に応じてつくらせるのである。農協ではこういう方向にすすむべくもないが、どうしてもこういうことが必要だと思われる。

つらい堆肥つくり

先般、福島県の農家におじゃましたとき、考えてみるといままでいちばんきつい仕事というのは堆肥つくりだった、そのなかでも切り返し作業が最もきつ い という話をきいた。若い人がいやがるのもそこにあるのだが、このいちばん大変な部分の機械化が日本では完全に放棄されているわけだ。ヨーロッパではそのきつい仕事をアタッチメントでやれるようなトラクターでなければ買わないぞというふうになっていたから、機械化が進行しても堆肥づくりが減らない。しかし、いわゆる〝堆肥ブーム〟がでてきているのでいずれ堆肥つくり用の専用機械を農機具会社がつくるかも知れない。農機具メーカーは、それぞれの機械にみんなそれぞれエンジンをつけたものをつくる。日本の農家のもっているエンジンの数は、ヨーロッパの五〇〇ヘクタールもの耕地の農家よりはるかに多い。彼らのもっているエンジンはトラクターについてるものだけで、あとの機械はみなそれにつけて使うのである。この点が同じ機械といっても日本とちがうところなのである。

国が堆肥を使うことを奨励したりすれば、結局農機具資本がまたそれでひともうけを考える、ということである。そういうことをやられないように、自分たちの思想で、しかも堆肥つくりはうんざりだという過去の気持ちから解放されるにはどうしたらよいかというところからの出発だと思う。

堆肥つくりというのは確かにつらい仕事で、むりいうなということになる。そうすると、では大規模にやったらいい。でかいトラクターのアタッチメントなら、イギリスやアメリカのものを使ってる北海道の農場のと同じのを買ってきて大規模にやればいいということになる。そうすると、たとえば専業農家の大型のトラクターに堆肥つくりのアタッチメントをつけて堆肥をつくってもらうという、請負型になってしまう。こういう方向にしかいかないように思われる。これは、いつでも化学肥料にかんたんにもどってしまう性質のもので、循環のなかでの堆肥つくりなり堆肥の使用とはちがう。牛のほうは依然として購入飼料依存ということになる。それぞれ別々なのである。別々といえば、日本では、乳牛と肉牛とは別だということになってる。乳牛といえば、ホルスタインとかジャージーとなっていて、酪農は酪農専門にやらなければだめですよというふうにいわれる。

牛乳と肉と

イギリスなどでもいい乳牛、いい肉牛といわれる牛はいるが、それを別々に農家にも ち込むというのは許されない。乳用牛と肉牛、別々なよいものをつくりだすことに成功したら、それをかけあわせて、どちらもよいもの、一〇〇パーセントとはいわないがほぼよいものをつくるというのがいちばん農家に近い試験場の任務なのである。ふつうの農家ならばどこへ行っても、乳肉兼用という――そういうことばがあるかどうかは知らないが、日本ではそういう考え方はおそらくないだろう。牛を飼うということは、牛乳をしぼり肉を食う、そのために飼っているのである。牛乳をしぼるにも肉をとるにも、どちらにもほどほどによいという牛をつくることに非常な誇りを感じている。日本にそういう考え方がすぐもち込めるかどうかはわからない。日本で酪農家のところに行って泌乳量はいくらかときけば、すぐに何キロだとか答えるが、彼らは日本の酪農家みたいに正確に記入しないので、なかなかでてこない。すると、すぐに、そんなのはおくれた酪農だというが果たしてどうだろうか。

羊でも同じようなことがある。ブラックマスクという顔の黒い羊がいるが、イギリスでは、これをつくるために大変な年月を要した。なぜそんなにしてまでつくったかというと、このブラックマスクは、毛と肉との両方がとれるからである。だから、とれる毛といえば、オーストラリアのメリノー種からとれるような高級なものではない。中位のほどほどのものである。

いずれにせよ、日本がすすんでる方向とは全然ちがうのである。ちがう方向からみればおくれてるということになるかも知れないが、これをどう考えるか。専門的な血統証つきの乳牛を飼ってるほうが優れているという感じがするわけだが、その歩んでいく道は、結局は耕種部門から離れた専門的な略農ということになるのではないだろうか。畑は耕さないからふんは捨てる。エサは買う。そういう略農業が片方にあり、一方には肉畜業がこれまた専門化してある。そうすれば、田畑をやってるほうは必然的に化学肥料とそれを基本にすえた機械を使う農業になる。

損得で考えると

流通機構ができているなかで、あるいは、それを前提とした農協の指導のなかでは、イギリスの例であげたようなへんな牛は売ってくれといわれても売れない。だから、そういういろいろな制約因子があるから、いきなりイギリスのようになれとはもちろんいえない。肉牛を飼ってる人はあまりそればかり増やすことはしない、たくさん飼ってる人のばあいは、それがあまりマイナスにならないように、近所の家畜を全然飼ってない人の畑と結びつけて考えていくというようなところからはじめたらどうだろう。

ただ、これが、けんかになってしまったという話もある。

ふんの処理に困っている人が、家畜のない人に堆肥として使ってもらいましょうと話をもちかけたところ、ただで、しかもお前のほうからもってくるなら使ってやるということだった。そんなことなら捨てたほうがましだとなってその話はだめになった。これは、ある県のある部落できいた話であるが、お互いに循環のなかにはいっていこうという考えでなく、損得で考えることからこういう結果になったのだと思う。ただで運んでやるなんてばかばかしい、相手が捨てるものを金をだしてわざわざとりに行くなんてアホらしい。これではいつまでたってもお互いうまくいかないだろう。

高度な専門家

農業のほうでは、工業でいうような意味で専門になる、専門化するというのは危ない話である。しかし、一つ一つの作物なり家畜の専門家になってはいけないのかというと、実は、たくさんの仕事、一つ一つの作物について農家というのは自然に高度な専門家になっているのである。専門家というのは土と自分のつきあいのうえでの専門なのであって、そこにたくさんの作物をつくり、家畜を飼うという、農業的循環をとりしきるという意味での専門家なのである。ネジをつくる専門家という工業の専門とは意味がちがうのである。

豚というのは、三年生きたものでなければ肉に本当の味がついてこないといわれる。そういうふうに、肉に関する感覚がちがう。日本ではスキヤキで肉を食べるにしてもやわらかいほうを好むから、外国で肉を食べるとすぐかたいと感じる。外国の人びとはやわらかければよいとは必ずしも思わない。味を問題にするのである。肉を食べる歴史が浅い日本とのちがいだと思う。その代わり、日本では、タクアンなどは食べにくくても長いこと噛んで味がでてくるよく漬かったものがいいと思うだろうし、外人はそんなのを噛んでたら歯がだめになるというかも知れない。

このように、それぞれの国にはそれぞれの食生活のちがいがあるのである。だから、へたに日本で、長く太らせてよく遊ばせた豚や牛を市場にだすと、肉がかたいということで逆に値を下げられることになる。短期肥育でフーセンみたいに太らせたもののほうが値が高いかも知れない。しかしこれは、基本的には、金にするためにだけ豚や牛を養っているということで、農業をこわしていくものなのではないだろうか。

三、農法の思想

浄化能力

工業というのは、直線的・略奪的生産の論理の世界である。直線的・略奪的というのは、そこにある資源をとってきて加工して製品につくり変え、そして消費する。それで一つの過程が終わる。とっては使い、とっては使う。そのくり返しにすぎない。くり返しにすぎないことをくり返していけば地球の資源は有限でありいつかは枯渇するだろう。それだけではない。増大する工業の廃棄物が、地球の浄化能力を越えてはきだされている現状に対して、どう対処しなければならないかという重大な問題がいま私たちの前に横たわっている。油が海に流される。これは、ある程度までは、あるいは海中の微生物などによって分解され、あるいは他の物質と結合するなどして新しい生成物となるだろう。工場の煙突から煙がだされても、ある程度までは空気の浄化作用によってきれいになる。川は二間流れるときれいになるといわれる。このように、自然には自己回復力というものがある。ところが、これはあくまでも制限つきの話なのである。

そういう意味では、工業も循環的に考えなければならない。工業の世界も、実は農業と同じ思想で考えなければならないのである。だから、地球の、自然の自己回復力を越えるような工業生産はやめなければならない。つまり、農業に学ぶ工業、農業的な工業にならなければならないのである。

農業が工業のありかたを

財界＝工業の側は、口を開けば日本社会における農業の役割を云々するが、私は、逆に、農業の側から工業に対して、日本社会における工業の役割というものを教えてやる必要があると思う。農業の側にいる人間でなければわからないことがあるからであり、わからずに突走っているからである。工業の側からいわれることを農業の側がおとなしくきいているというのは、どうにも奇妙でしようがないと思うのである。

工業の側からはいろいろいわれるが、農業関係の団体なり、学者なりが工業に対してあるべき工業の姿のビジョンをいったことが一度でもあるかといいたい。農業は、農業のもってる恒久性、循環の論理というものを都市の人間に伝えなければならない。都市の人間が、工業的な循環と農業的な循環のちがいを認識できるよう助けなければならないし、それすら認識できない段階での工業の論理をむりやり農村にもち込んでくることの誤りを指摘しなければならない。それが、工業的な生活の都市の生命を守り、農村における農業的な循環を守る方向への第一歩なのではないかとも思う。

特論　なぜに農法を考える

いまのような私のものの見方から農業というものを考えていくと、やはり農法というものを考える必要がある。

篤農家や精農家が

あえて私が「農法」ということばを使うのは、農法ということが日本では古くからあって、そういう古くからある農法というもののなかには、外から与えられたものではない、篤農家や精農家が自分の意志で考えだし、自分の求めるような農具をつくりだし、あるいはそういうものを鍛冶屋さんに注文してつくりだしていく。このように、非常に創意性の強い農業の方法というものをつくりだしてきたところに、農法ということばがうまれてきたような気がするので、農法ということばをここにだしてきた。農業とか農業技術ということではなくて、農法ということばのなかには生活をふくめ、人間が主人公になった農業の生活と技術と経営と、人間を柱にしたもの――どんなものかということはでき上がっているわけではないのだが――という意味をこめて考えたい。

壊されてきたものを、どういうふうに回復していくかということが大事だというと、なにか精神主義みたいになるのだがそうではなくて、そう考えることが資本とか外からの従属のおしつけを拒み、それと闘うということを意味するのだと思う。外にでていって東京で議事堂や霞ケ関で陳情したりムシロ旗を上げたり、これは必ずしも無意味だというわけではないが、そればかりが闘いなのではなくて、自分の農法というものをつくりだすことが、外の資本のあてを全部はずさせていく結果になるので、そこにも闘いがあると思う。そういう農法の側から、工業製品でも自分に必要なものは選び、抜き取っていき、こちらから注文をつけていく。肥料でもエサでもこちらで必要なものを相手につくらせていくくらいの主体性をつくりだしていくことが、農法をつくっていくことだと私は思う。

農業破壊の原理

やはりその基本は自然の循環をとり戻すということだ。くり返しになるが、いまの農業破壊のあり方の技術の原理というものは、部門別にたてに割ってしまっているということだ。それは試験研究機関でも、養鶏とか酪農とか、稲作とか、全部別々に考えて、化学薬品と機械によって全部うずめていって、これが機械化一貫体系でございますというようなものをつくり上げていこうというふうにしているということだ。

日本のように単作地帯とか、稲作がこれまで主体になってきたような農業の国で、ヨーロッパのような循環をとり戻していくことができるだろうかという疑問はたえず私自身おきるわけだが、かといってもともとヨーロッパの農業は循環の国なのであって、日本のはちがうのだということは必ずしもいえない。日本だってやはり自然との循環を基礎に、耕種・飼畜養蚕など各部門の循環的関連のなかで農家の人たちがつくり暮してきたものと思う。

それが機械化の過程で、強大な化学工業が戦前日本におきてきて、たとえば鉄工業の発達にともなっての硫安工業、そして戦後の食糧不足と大増産――農業がどんなふうになっていってもよい、とにかく食糧大増産のためにということがずっと結びついていって、非常に短期間のうちに自然との間の循環が断ち切られてしまった。この現実をふり返ってみると、私は、もしもそういう断絶がなければ、時間はかかるかもしれないが、やはり家畜は養い、その頭数はヨーロッパなどにくらべれば少なく、ちょっとみると能率がわるいような一種の複合経営みたいなものを、小さく上手に結びつけていくような機械とか資材の活用の仕方を、農家の人が自然に求めてつくりだしていったのではないかと思う。これが突然に外から与えられるようになったという事情があって横道にそれていったのではないかというふうに思う。

複合経営といっても

前から二〜三べんひきあいにだしている指導員と話をしているときに、「私のところは単作地帯だけれども、やはり複合経営の方向にもっていこうと思っています」といっていた。養豚・養鶏その他いろいろ考えて、研究グループをつくってすすめているということであるが、私はそれに反対するわけではないが、ただそのときに思ったのは、養鶏を稲作に結びつける、養豚を稲作に結びつける――これを結びつけて複合経営にするというのはいいのだが、稲作・養鶏・養豚がいままでの技術の指導ではそれぞれ独立して飼うようにみななってしまっていている。それを一つの農家の中で、一つの村の中でならべるということだけでは、本当に結びあった複合にはならないのではないかと思う。やらないよりはいいし、やっているうちにだんだんそういう方向がでてくると思うから、反対だとか無意味であるということはいわないが、もう稲作は稲作だけでできる、畜産の力を全然借りなくてもできるんだというふうにでき上がってしまった。養鶏もそうだ、養豚も然りというように、それぞれ自己完結した形のものを、一つの経営の中に並べるということだけではだめなのであって、それを複合させていくときには、それぞれの部門を、どうかみ合わせていくかということを考えていく——そうするとそこに自然と農法というものがでてくるし、それをかみ合わせるためのいろいろな技術やら何やらができてくる。

豚の糞を堆肥にするということをやはり考えているのだが、このばあいすぐに壁にぶつかってしまうのは、豚をたくさん飼っている人は堆肥が余ってしまう。そうすると、ほしけりゃやるけどとりにこい。そうするともらいに行くほうの人は、あの人余って処分に困っているのに……それならもってきたらいいだろうということになる。そのかみ合わせが——複合経営をどうかみ合わせていくかというなかに、堆厩肥を必要とするような稲作をつくっていき、復活していく——と自然にそういうものが求められていって、部落の中に養豚やっている人がいれば、どちらが運ぶかということは話し合ったり、コスト計算してみたり、いろいろしてみれば、互いに話し合いで解決するものだと思う。その組み合わせをつくっていく過程で農法というものができていくし、機械でいらなくなった労力を（全部はすぐに消化できないにしても）、自分の田畑で、あるいは少なくても村の中で少しずつでも農業的に消化できるような方法ができてくるのではないか——こういう感じがする。

賃耕的な解決の仕方はあるし、あってもいいのだが、いまそういう形でしか自分たちの労働や設備を消化できないというのは問題である。そこのところをかなり緻密に細かく、いろいろなものを組み合わせていくことではないかと思う。

循環をとりもどすということ

循環をとりもどすということは、自然主義でも懐古主義でもない。また日本の稲作地帯その他でこういうことをいうのは非常にむずかしいとしばしばいわれるし、それもよくわかるが、むずかしいという考え方自体のなかに、専門化とか分化とかを骨のずいまでこの一〇年二〇年の間にしみこまされたという面が多分にあるのではないかと思う。

これは極論かもしれないが、あるいは生産調整があるのでかえってこういうことはいいにくいのであるが、田んぼにしても、表作が必ず米でなければならないという考え方をさえ一度考えなおしてみていいのではないかと思う。現実には、米ほど高い収益性を上げるような利用の仕方が非常にむずかしいということをよくいわれる。それもわからないではない。だが、一部分の田んぼをもう少しちがう利用の仕方をして、順々にまわしていくということで、田んぼを健康なものにし、バクテリアの繁殖を助けていくような形で地力を生かし、金と労力をできるだけ節約しながら、地力を自然の力で維持していくことは、大局的には得なのではないだろうか、そういう方法は必ずあるのではないかという気がする。

米作日本一になったような人は、一トンにちかい反収を上げる。そのために温水田を使うとか、ほかの田んぼからとれたワラを全部そこに投入するというような形で、一つの田んぼに高い収量を上げ、そのことによって他の田んぼをほかに利用するような組み合わせの仕方——これは大型のトラクターを使うような稲作になってくると、そういうことは考えられないというような面があるかもしれないが、アタッチメントをかえトラクターの牽引力を利用して、排水できるような田にしていくとか、深耕の力によってちがった作物を植えることによってよい収穫をあげていく。それを循環していくということだってありうると思う。

ふりほどいて

できることとできないことがあると思うが、いつの間にかわれわれをとらえてしまったものをふりほどいて、いったいこれからの農法というものは何なのだろうかということを考えだしていく。

別に、人のためとかだれのためということではなしに、自分がそれをやっているということが、限りなくたのしいというような——そういうこと。それが農業のばあい、いまあまりにも、所得追求ということのみに焦点がしぼられすぎてきたのではないかと思う。農民運動や米価要求で追求することはもちろん大事なことだとは思うが、自分自身の日常生活の全体が、それに結びついてしまうというのは、結果としては資本の側にやられていることだと思う。そういうものを拒んでしまっておれは結構なんだ。おれはいまこういうことをやっているんだということが、他人の支配を資本あるいはどのような権力的な支配や詐術をも拒む。これからの闘いというのは、どちらかというと、しばらくの間はそういう性質のものではないかと思う。

意識してつくりあげるのではない

農法は自然にできていくもの。でき上がった農法の形はえらぶことができるものではないし、そういうものであるとすれば、それは非常につまらないものだと思う。自分がそれを達成することはできないかもしれないが、やはりものというのはでき上がってしまうとつまらないもので、やっていく過程が楽しいのではないかという感じもする。また、進歩とかなにかも、意識してこれが進歩だということになればその進歩はおしまいだと思う。

「伝統を守れ」という声もあるが、「伝統的な技術」とかいろいろあるが伝統を守れという形で伝統を意識してやったばあい、伝統はもはや消えているのではないかと思う。伝統というのは、ほとんどは生活と生産の場で自然に必要がつくり上げていって、これはよい、これは大事だといって伝えられたものであって、これが伝統だから守りましょうということでは伝統は守れないと思う。伝統的なものを必要とさせ、ささえていた全体的な生活体系・生産体系というものが自然とその伝統を守っていくのではないかと思う。

伝統を守る運動そのことはわるいことではないし、私も伝統的なものを鑑賞するのは好きであるが、進歩とか守るとかいうことに関して強く意識するということではなしに、ただひたすらにそれをやっているということが、結果としては農法にしても進歩にしても、そういうものをつくり上げていくことになるのではないかと思う。人が外からやってきて、これが進歩だ、これが新しい農業技術だ、これが新しい農法だといってくるものは、一度全部断る、否定してやっていく、——これが農法をつくっていくことになるのだと思う。

参考書

この話のなかでのべたことがらや考えかたの多くは、次の四つの本に、私が考えたり調べたり教わったりしたことがくわしく書かれているので参考のために掲げておく。

『農業は農業である——近代化論の策略——』　農文協刊　四五〇円　〒一一〇円

農業というものは一体何なのかを、考えてみようとして書いたもので、ヨーロッパの農業をとおして考えてみたりもした。農家の人たちが、近代化のムードのなかで大切なものを気づかずに失いつつあることに私も気づいてきたように思い、このそう失の流れのなかで何かを拒むことで豊かな農業に接近できるように思い、この本を書きおろしたわけである。

『農法——豊かな農業への接近——』　農文協刊　四〇〇円　〒八〇円

「農業は農業である」で考えた基本的な考えかたを、農家の人が自分の田畑や畜舎で具体的にどう実現していったらよいのかを、私なりに考えてみた。

そして、これが実現していくならば、農家の人たちは、それぞれに自分の農法というものを、ものにしていくことになる。そうなればすばらしい。一冊の本で尽くせることではないが、これからも、農家の皆さんと一緒に、いつまでも語り合い考えつづけたいと思っている。

『米の百年』 御茶の水書房刊

米をつくる農家が米を売り、それがどう流通してきたか、過去百年の歴史を調べ、考え、書いた。

『日本の村』(『小さい部落』改題) 朝日新聞社刊

農家の人たちが日々に暮し耕している部落とは何なのかを考え、そういう部落にたいして都会という人の集まりとは何なのかをも考えてみたのである。

農家あるかぎり部落はある。そして、農業が私たち人間の生きるための一番の基礎なのであると思う私からすれば、部落は当然にもこの日本の社会の骨組みのなかで一番大切な要素ということになる。

部落のことは、深く深く考えなくてはならない。農家の人たちの生活と生産の豊かさを求めるうえでもこれは大切なことだと思いながら書きすすめた本である。

解説　死生観が問われる時代に

玉　真之介

科学信仰への深い懐疑

二〇世紀は、「近代化」という言葉が猛威を振るった時代であった。それは、刃向かうことを許さない、強い強制力を持った言葉だった。なぜなら、この言葉には、十七世紀以来の近代科学の発展とともに、私たちが信じて疑わなくなった「進歩」という観念が体現されていたからである。

ものを要素に分解することで、その部分の性質を分析する。それによってすべて法則を解きあかすことができると考える、物理学に代表される要素還元的な近代科学こそ、産業革命以降の工業生産力の爆発的な拡大と近代工業化社会の生みの親であったと言ってよい。

この科学主義と進歩主義の前に、近代以前の関係は、すべて「停滞」と「遅れ」として否定の対象となってきた。面白いのは、二〇世紀を通じてイデオロギー的に対立しあった資本主義と社会主義の双方においても、この科学主義と進歩主義は等しく共有されていたということである。

社会主義は、自らを「科学的社会主義」と呼び、人類史上最も進歩した存在であると自認した。他方、資本主義の側では、価値判断を排除した数学的な新古典派経済学が「純粋な科学」として社会科学に君臨した。両体制は科学を競い、工業生産力を競い、最先端技術の粋といってよい核兵器の開発を競った。そして、同じように環境破壊に行き着いた。

この無機的合理性を絶対視する近代の科学主義と進歩主義への深い懐疑こそ、守田志郎の一つの原点であるように私には思える。

守田は言う。「人間というものは、ほおっておいても絶えず進歩しなければならない宿命を負っている自然界ただ一つの動物である」「それを意識して『近代化しろ、進歩しろ』と口にだしていうときは、何か非常に危険なものを感じる」「進歩というのは、人類が死滅に向かう道だから、なるべくゆっくり歩く方がよい」（六三〜七頁）と。

私たちは日常、人類の死滅など考えることがない。むしろ、日々進歩する科学技術に毎日驚いており、人類は益々進歩し、益々快適な生活ができると信じて暮らしている。

しかし、少し冷静に考えると、オゾン層が破壊され、熱帯雨林が激減しつつある中で、中国やインド、東アジアの国々が先進国の後を追って猛烈な工業化を進めており、その人口から見て、そこで消費されるエネルギー、排出される廃棄物の量は計り知れない。もはや環境問題に国境は無く、私たちもその影響から逃れられないが、工業化をやめろという権利など、私たちにありはしない。

また、世界の人口は三〇年後には八〇億人を超えるといわれ、食糧問題だけでなく、民族紛争、宗教紛争、組織犯罪やエイズなどの新たな感染症、そして核兵器の拡散や原発の廃棄物処理等々、解決の糸口すら見つけられない問題に覆われている。

まさに、守田が言うように、人類は進歩という名の死滅の道をひた走っているのかもしれない。科学と進歩を絶対的な価値基準としてひた走ってきた二〇世紀を終えて、不透明な二一世紀に足を踏み込み始めた私たちに切実に求められているのは、近代工業化社会を真剣に問い直してみることだろう。

農業と工業は違う

もちろん、守田志郎が本書で論じているのは、科学のあり方でも人類の将来でもない。農業であり、農業と工業の違いであり、さらには、農業の持続性についてである。

農業を限りなく工業に近づけること、これがわが国では一貫して「進歩」と考えられてきた。近代科学と市場経済がそれを必然化すると信じられ、多くの農学者が、経済学者が、この課題に邁進してきた。学者がそうなのだから、工業を代表する財界と労働組合も、当然政府も、そしてマスコミも、さらには消費者、そして農業者すらそう信じてきた。

この圧倒的な勢力と信念の支配の下で、守田が「農本主義者に成り下がったか」との冷笑を覚悟して提起したのが、「農業は農業である」という農業と工業の違いであった。

「農業を機械化してゆくと農業も工業のようになるという考え方が強いが、これは完全に間違いである」（二三〇頁）。

「農業というものは、自然の営みを人間の目的にそって生産にかえるもの」（二一五頁）である。つまり、自然の営みの一部分である生物の生殖ないし繁殖機能に人間が手を加えて生産に変えるのが農業であり、そこでは「自然の営みが主人公であって」、工業のように機械が主人公になりえない。「自然生的な関係に機械が入れ替わるということは絶対にない」（五六頁）からである。

換言すると、「農業のばあいも一種の自然破壊をしている」「しかし、こわす目的は、やはりそこに自然生的なものを自然の営みを繰り返させることである。そこが工業のこわし方とちがうところである」。「工業的破壊のばあい自然からとったものを、それが再び元にかえらないような状態にする」「自然の循環や自然生的な諸関係から全く切り離したものである」（二一五〜六頁）。

自然の営み、自然生的循環に本来的に依拠するからこそ、農業は生の自然を農業的環境に変えながら数千年の歴史を持ってきた。しかし、近代の工業は、基本的に資源の埋蔵量と自然のもつ浄化作用の許容範囲でしか、永続不能なものである。そして、今、地球に残される許容限度は、益々僅少となりつつある。

これまでも、農業と工業の違いはしばしば論じられてきた。しかし、その多くは工業を座標軸に農業の特殊性を論じていたのであって、それは自然の営みを基準とした守田の議論とは根源的に異なる。つまり、これまでは、「違い」ではなく、「遅れ」を議論してきたのであった。

これに対し、自然生的な循環の観点から農業の工業とは異なる持続性を捉える守田にとっては、農業の工業化とは農業が自らの本来的性格である自然の営みから離れ、工業と同様に環境略奪者・破壊者となることである。ここに、守田が「機械とくすりの農業」を目指す農業近代化論を批判する農法論的な立脚点があることは言うまでもない。

小農と部落

守田がこうした認識に到った契機が、一九七〇年の西ヨーロッパ旅行であったことは、すでに多くの人によって指摘されている。

本書でも守田は、「日本では家族労作経営で自分で農業をやっているというのは遅れているというふうな認識が戦後はいってきたが、先進国といわれている欧米諸国をみてみると、むしろ家族労作だ（そういうことばはないみたいだが）、農業は家族がやるものなんだとはじめから考えている」（二二六～七頁）と、ヨーロッパの例を挙げている。

農業の工業化は、農法面にとどまらず、経営の面でも工業のように資本家的経営になるはずだというのがマルクス経済学にも、近代経済学にも共通した命題であった。おそらく、守田は数年にわたって、この命題への疑問が深まる一方だったのだろう。そうしたときに、すでに近代化が達成されているはずの西ヨーロッパ農業が家族労作経営に担われている現実と出合ったことで、「やはり間違っている」と確信したのであろう。

その際、守田がそれまで現状分析よりも農業史という歴史分析を専門としてきたことも無視できない点である。歴史学は、近代科学の中でつねに「科学ではない」との批判にさらされてきたことが示すように、過去と現在の対話の中で歴史の意味を問うものである。無数の歴史的事象にわけ入り、研究者自らが今日の地点からそれを歴史像として描くしかないものである。

そして、歴史研究の中で守田に形づくられていった歴史像は、「体制の側からも反体制の側からも」「非常に封建的で、古くて、間違っていて、進歩をおくらせているものだ」（一九七頁）と非難される「共同体＝むら」が、実はその機能として「小農制における小農の生産と生活・経済――これを守っていくものだ」（二〇〇頁）という、近代科学からするときわめて「反動的」なものであった。

部落や「むら」は、確かに藩政期に起源を持つ社会関係である。しかし、近世の社会はいままで考えられた以上に商品経済の発達した時代ではあっても、飢饉や自然災害という厳しい試練の中で、それぞれの地域が自然の営みと農業生産の調和を独自につくっていった時代でもあった。だから、そこにおける様々な掟には、単なる支配の論理ではなく、自然と調和して持続的生産を続けるために構成員が等しく守るべき約束や生活態度も多数含まれていたのである。

これは、市場経済における短期的なフローの論理とは対照的な、長期的なストックの論理と言い換えられるだろう。守田は、「部落には、所有（経営）規模を常に平準化するはたらきがある」と言うが、それは短期的な話ではなく、「一代二代という長い流れの中」(二〇〇頁)での話である。また、農業では株式会社のような所有と経営の分離が難しいために、継承と相続の過程で大きければ分割、小さければ維持という平準化の論理が働くことを論じている。

それらは結局、農業における主要な生産手段である農地が、利潤(=フロー)のために何にでも形を変える資本にはなり得ず、基本的に資産(=ストック)としての性格を免れないために、家族から家族へと世帯交代を経ながら引き継がれてゆかざるを得ないものだからではないか。

そうした資産としての農地を維持し、保全してゆく仕組みとして近世につくられたのが小農的農業と部落共同体だったのである。それは今日の資本主義経済の中で、つねに分解作用を受けながら、また一方で執拗に存続している。「これを悪として考えることをやめにし、共同体のもっているよい点を伸ばし、悪い点があれば、それをみんなで話し合ってなるべくなおしていく」(二〇七頁)、これが守田の提起である。

「農家と語る」ということ

さて、本書は、「まえがき」にもあるように、守田が十数人の農家の人たちを相手に二日半びっしり行なったセミナーの記録である。守田はそこで、「こわい顔の人は一人もいないのだが、わたしには皆がこわい」と書いている。これはどういう意味だろうか。

守田はまた、「そういう農民層分解論というものを批判することは、学問の世界では非常に危険に満ちたことである。発言権を奪われるほどにこわいことなのだ」（二〇六頁）と、ここでも「こわい」と言っている。

この二つの「こわい」は、守田にとって同じではない。「農民層分解論を批判すること」、これは、いわば一神教の世界で多神教を唱えることであり、学問の世界から異端者として排除されることである。「農本主義者」という烙印が、それである。

しかし、守田は「こわい」と言いながら、農民層分解論を明確に拒否しており、とっくにその一線を越えている。もちろん、学術論文として書いているわけではないが、それも、学問の世界からの批判を恐れたからではなく、そもそも相手にすることをやめにしたからであろう。

実際、守田が矢継ぎ早に農法に関する著書を発表する七〇年代前半は、いわば農民層分解論争の最終ステージであって、学会の場で益々精力的に議論が闘わされていた。しかし、二〇年以上経った今から見て、この農民層分解論争にいったい如何なる学問的意味があったのか、私には分からない。いずれにしても、それは総括もないままに立ち消えとなり、今では振り返る人もいないことだけは確かである。

守田は、そうした議論に加わることを自分の方からやめにして、精力のすべてを直接一般読者に、とりわけ農家に伝えることにつぎ込んだのであろう。二日半に渡って農家と語るという取り組みも、そうした努力の一つと言える。それでは、なぜ農家に語ることが「こわい」のだろうか。

確かに、学会という一つの権威から離れればもはや一介の農学者であり、「私の専門はこれこれなので」といった言い訳も通用しない。守田も、「全講義を通じての私の考えの根底を申し上げている」（二五〇頁）と述べるように、そこでは自らの農業論の全体像、農業観の根底をさらけ出さねばならない。これは大変なことである。

しかし、守田に「こわい」と言わせた究極の点は、自らが「農耕外者」であるという事実ではなかろうか。「農家の人たちにむかって何をわたしが話すことができるだろうか、それを思うともう精神的に参ってしまう」（まえがき）というのも、「そういう意味で、政策も論じなければ、日本の国の農業の将来も私は論じたくない」（二四九頁）というのも、実は日本の農業をダメにしてきた張本人が学者や官僚などの農耕外者であり、彼らの「主観的な善意」ではなかったかと守田が考えているからであろう。

農家自身が誰れ彼れに言われたからではなく、自分の頭で考えて「自分にはこれがいい」と思うことをすべきであり、「日本はこうあらねばならない」、「日本はこうすべきだ」といった国策論に騙されてはいけない、というのが守田のとりわけ強い信念である。

したがって、本書も決して啓蒙書ではない。確かに半分くらいは、研究蓄積を分かりやすく解説した内容である。しかし、特に各講の最後にある特論、第五講、第六講の部分は、守田による農家の人たちへの挑戦状である。そこには「俺はこう考えるが、あなた達はどうなんだ」「自分の農業に自信を持っているのか」、そんな気迫が込められている。

そうした真剣勝負だから、「こわい」のである。「農耕外者が何を言う」と言われたときに、どう答えるか、その緊張感の中での二日半の講義なのである。

死生観が問われる時代に

そうした講義の最後を、守田はやはり農法論で締めくくっている。

「やはりその基本は自然の循環を取り戻すことだ」「循環を取り戻すということは、自然主義でも懐古主義でもない」「別に、人のためとかだれのためというのではなしに、自分がそれをやっているということが、限りなくたのしいというような――そういうこと」（二八六〜二九〇頁）である。

確かに、これは直接的には、農家と農業に向けて語られたものである。しかし、この「農法の思想」は、果たして農家と農業の範囲だけにとどまるものだろうか。

守田は、しばしば農業の難しさと、それ故の面白さについて語っている。それは、生活の中に生産活動があることの人間的な側面を、生産活動が生活から分離され、巨大な組織の歯車の一つとなった工業化社会との対比で述べたものである。

また守田は、「農法の思想」を敷衍して、「農業は、農業のもってる恒久性、循環の論理というものを都市の人間に伝えなければならない。都市の人間が、工業的な循環と農業的な循環のちがいを認識できるよう助けなければならないし、それすら認識できない段階での工業の論理をむりやり農村にもち込んでくることの誤りを指摘しなければならない。それが工業的な都市の生命を守り、農村における農業的な循環を守る方向への第一歩なのではないかとも思う」(二八四頁)と言う。

二一世紀は、二〇世紀の大量生産・大量消費・大量廃棄の工業化社会をどうやって廃棄物の無い循環型社会に作り変えていくかが最大の課題であり、そこに人類の未来がかかっていると言われている。それは人間の物質的欲望を極限まで刺激し、肥大化させることを推進力に発展してきた市場経済をどのように変えていくかということである。また、際限のない人間の欲望もいずれは科学が達成してくれるという科学信仰からの脱却でもある。

しかし、現実には遺伝子組み換えやヒトゲノム解析などのように「生命そのもの」の奥深くにまで工学的メスが加えられて、それがまた科学信仰を煽っている。また、グローバルエコノミーの進展により、国境を越えた市場取引が今まで以上に容易になり、アメリカではインターネット上で人の卵子の売買すら行なわれている。「市場経済を止揚する」と高唱した社会主義の失敗が二〇世紀の教訓であるいま、私たちは、このような科学技術と市場経済の進展に対峙するものはもはや私たち自身の良識や倫理、そして死生観にしかないことを思いしらされている。

このような意味で、守田が「農法の思想」という言葉で提起した「自然の循環を取り戻すこと」は、決して農家や農業だけにとどまる提起ではない。私たち人間もまた地球上の生きとし生けるものと共に大きな自然の循環の中にあるのだという死生観が育まれていかない限り、人類は死滅に向かうことになるのではないか。こうして、「農法の思想」を説いた守田志郎の本書は、農業のあり方という問題を通じて、初版から四半世紀以上という歳月を越えて、今日の私たちに対して、依然として大きな問題を提起し続けているように思われる。

（たま・しんのすけ　岩手大学教授）

守田志郎著作目録

『日本地主制史論』東京大学出版会　一九五七年（古島敏雄氏と共同執筆）

『農業史II』協同組合短期大学　一九五九年

『農業史II・学習指導書』協同組合短期大学　一九五九年

“The Development of Agricultural cooperative Association in Japan” 日本ＦＡＯ協会　一九六〇年

『地主経済と地方資本』御茶の水書房　一九六三年

『ライス・センター』農政調査委員会　一九六三年

『専門農協と組合員』農政調査委員会　一九六四年

『米の百年』御茶の水書房　一九六六年

『村落組織と農協』家の光協会　一九六七年。一九九四年、『むらがあって農協がある』と改題し農文協より復刊。

『農業は農業である』農山漁村文化協会　一九七一年

『部落』農政調査委員会　一九七二年

『農法』農山漁村文化協会　一九七二年

『小さい部落』朝日新聞社　一九七三年（のち『日本の村』と改題）
『農家と語る農業論』農山漁村文化協会　一九七四年
『村の生活誌』中央公論社　一九七五年。一九九四年、『むらの生活誌』と改題し農文協より復刊。
『二宮尊徳』朝日新聞社　一九七五年
『小農はなぜ強いか』農山漁村文化協会　一九七五年
『農業にとって技術とはなにか』東洋経済新報社　一九七六年。一九九四年、農文協より復刊。
『農業にとって進歩とは』農山漁村文化協会　一九七八年
『文化の転回』朝日新聞社　一九七八年
『対話学習・日本の農耕』農山漁村文化協会　一九七九年
『学問の方法』農山漁村文化協会　一九八〇年

守田志郎（もりた　しろう）

1924　シドニーに生まれる
1943　成城学園成城高等学校卒業
1946　東京大学農学部農業経済学科卒業
1946～1950　農林技官
1954　東京大学農学部農業経済学科大学院修了
1952～1968　財団法人協同組合経営研究所研究員
1968～1972　暁星商業短期大学教授
1972～　名城大学商学部教授
1977.9.6　逝去

農家と語る農業論　人間選書236

1974年8月25日　第1刷発行
1982年2月25日　第5刷発行
2001年2月28日　人間選書版第1刷発行

著者　守田志郎

発行所　社団法人　農山漁村文化協会
郵便番号　107-8668　東京都港区赤坂7丁目6-1
電話　(03)3585-1141（営業）(03)3585-1145（編集）
FAX(03)3589-1387　振替　00120-3-144478

ISBN 4-540-00241-4　印刷／藤原印刷
(検印廃止)　製本／根本製本

定価はカバーに表示
Printed in Japan
乱丁・落丁本はお取り替えいたします。

〈農業・食料〉

34 百姓入門記
小松恒夫著 1200円

52 日本の自然と農業
山根一郎著 1050円

53 農業にとって土とは何か
山根一郎・大向信平著 1050円

54 農薬なき農業は可能か
大串龍一著 1050円

55 有機農法 自然循環とよみがえる生命
J・I・ロデイル著 一楽照雄訳 1950円

57 農業にとって生産力の発展とは何か
椎名重明著 1050円

58 農業にとって進歩とは
守田志郎著 840円

59 水田軽視は農業を亡ぼす
吉田武彦著 1050円

60 戦後日本農業の変貌 成りゆきの30年
農文協文化部編 1050円

62 農学の思想 技術論の原点を問う
津野幸人著 840円

91 百億人を養えるか 21世紀の食料問題
ジョゼフ＝クラッツマン著 小倉武一訳 1260円

93 農 法 豊かな農業への接近
守田志郎著 中岡哲郎解説 1260円

96 農業は農業である 近代化論の策略
守田志郎著 室田武解説 1260円

97 日本農業は活き残れるか（上） 歴史的接近
小倉武一著 1365円

100 農文協の「農業白書」 食と農の変貌
農文協文化部著 1260円

111 日本農業は活き残れるか（中） 国際的接近
小倉武一著 1575円

116 日本農業は活き残れるか（下） 異端的接近
小倉武一著 1680円

156 小農本論 だれが地球を守ったか
津野幸人著 1631円

173 農業にとって技術とはなにか
守田志郎著 徳永光俊解説 1950円

179 むらがあって農協がある
守田志郎著 川本彰解説 1937円

180 むらの生活誌
守田志郎著 内山節解説 1630円

188 小さい農業 山間地農村からの探求
津野幸人著 1850円

189 農業を考える時代 生活と生産と文化をさぐる
渡部忠世著 1940円

194 日本農法の水脈
徳永光俊著 1840円

195 過剰人口 神話か 脅威か？
ジョゼフ・クラッツマン著 小倉武一訳 1630円

198 エンジニア百姓事始
岡田幸夫著 1470円

199 食の原理 農の原理
原田津著 1470円

200 むらの原理 都市の原理
原田津著 1470円

216 原点からの農薬論 生き物たちの視点から
平野千里著 1600円

233 日本農法の天道 現代農業と江戸期の農書
徳永光俊著 1850円

〈地域形成〉

63 地域主義の思想
玉野井芳郎著 1260円

76 地域をひらく 生きる場の構築
花崎皐平著 1260円

94 青年が村を変える 玉川村の自己形成史
池上昭編 1260円

106 地域形成の原理
農文協文化部編 1365円

150 地域が動きだすとき まちづくり五つの原点
広松伝・宇根豊・宮本智恵子他著 1680円

157 内発的発展の道 まちづくりむらづくりの論理と展望
守友裕一著 1750円

185 本 森に帰る 本の力で町づくり
吉津耕一著 1630円

215 お父さんの面積
猪熊弘子著 1600円

226 村おこしは包丁のリズムにのって 兵庫丹波の「食の村おこし」10年
坂本廣子著 1400円

〈エコロジー・環境〉

1 共存の諸相 食べものと人間
藤井平司著 1050円

2 人間の原点をここにみる
農文協文化部編 840円

5 石油文明と人間
農文協文化部編 840円

56 栽培学批判序説
藤井平司著 1260円

61 石油文明の次は何か
槌田敦著 1223円

65 わが内なるエコロジー
高木仁三郎著 1325円

68 サルを見て人間本性を探る　杉山幸丸著　１２６０円

69 都市と川　三木和郎著　１２６４円

71 サケ多摩川に帰る　ひろがる自然教育　馬場錬成著　１０５０円

80 水と人間の共生　その思想と生活空間　大崎正治著　１２８０円

98 偏見の生態学　川那部浩哉著　１４７０円

122 自然を守るとはどういうことか　守山弘著　１５８０円

123 開発の中の生物たち　小田柿進二著　１４７０円

135 海と魚と原子力発電所　漁民の海・科学者の海　水口憲哉著　１４６０円

142 だれが干潟を守ったか　有明海に生きる漁民と生物　山下弘文著　１４７８円

143 だれが大地を壊したか　幻影の苫小牧開発　近藤泰年著　１３７７円

146 サンゴの海に生きる　石垣島・白保の暮らしと自然　野池元基著　１５３０円

161 核の世紀末　来るべき世界の構想力　高木仁三郎著　１５３０円

177 サルはどのように冬を越すか　和田一雄著　２０００円

191 曖昧の生態学　川那部浩哉著　１８３５円

203 磯焼けの海を救う　海の医者のエコロジー　境一郎著　１６００円

204 水田を守るとはどういうことか　生物相からの視点　守山弘著　１７００円

206 庭にきた虫　いのちのドラマを親子でみる　佐藤信治著　１９５０円

213 都市にとって自然とはなにか　財団法人　余暇開発センター編　１８００円

218 システムとしての〈森―川―海〉　魚付き林の視点から　長崎福三著　１９５０円

224 サルの生き方　ヒトの生き方　杉山幸丸著　１８００円

228 対論　多様性と関係性の生態学　小原秀雄・川那部浩哉・林良博著　１７００円

230 庭にきた鳥　いのちのドラマを家族でみる　佐藤信治著　１９５０円

231 水辺遊びの生態学　琵琶湖地域の三世代の語りから　嘉田由紀子・遊磨正秀著　１８００円